工业和信息化"十三五"
人才培养规划教材

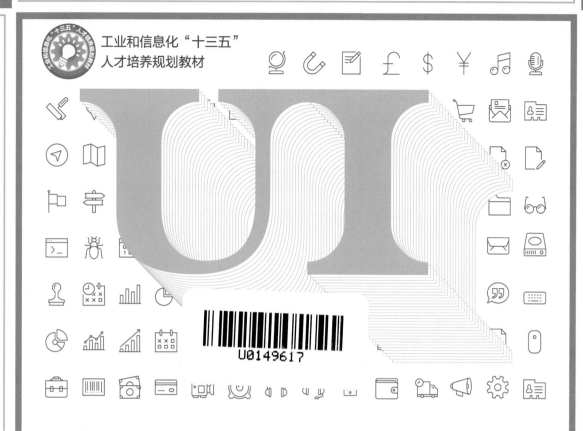

U0149617

网站 UI 设计
案例教程

微课版

孟祥玉 侯楚著 ◎ 主编

曹文祥 曾杰 张超 ◎ 副主编

人民邮电出版社

北 京

图书在版编目（CIP）数据

网站UI设计案例教程：微课版 / 孟祥玉，侯楚著主编. -- 北京 ：人民邮电出版社，2020.9（2024.2重印）
工业和信息化"十三五"人才培养规划教材
ISBN 978-7-115-49272-2

Ⅰ．①网… Ⅱ．①孟… ②侯… Ⅲ．①网站－设计－案例－高等学校－教材②图象处理软件－案例－高等学校－教材 Ⅳ．①TP393.092.2②TP391.413

中国版本图书馆CIP数据核字(2018)第206236号

内 容 提 要

本书以 Photoshop 为设计工具，对 PC 端和移动端网站 UI 设计流程及制作技巧进行了全面、细致的剖析。

本书共 9 章，内容包括网站 UI 设计概述、网站 UI 设计的色彩搭配、网站 UI 设计的版式与布局、网站图片的优化与调整、网站图标和按钮设计、网站导航设计、网站文字与广告设计、PC 端网站 UI 设计和移动端网站 UI 设计。

本书适合网站 UI 设计爱好者和从业者阅读学习，也适合作为各类院校网站 UI 设计相关课程的参考教材，是一本实用的网站 UI 设计操作宝典。

◆ 主　　编　孟祥玉　侯楚著
　　副主编　曹文祥　曾　杰　张　超
　　责任编辑　刘　佳
　　责任印制　王　郁　马振武

◆ 人民邮电出版社出版发行　　北京市丰台区成寿寺路 11 号
　　邮编　100164　　电子邮件　315@ptpress.com.cn
　　网址　https://www.ptpress.com.cn
　　涿州市般润文化传播有限公司印刷

◆ 开本：787×1092　1/16
　　印张：14　　　　　　　　　　2020 年 9 月第 1 版
　　字数：441 千字　　　　　　　2024 年 2 月河北第 6 次印刷

定价：69.80 元

读者服务热线：(010)81055256　印装质量热线：(010)81055316
反盗版热线：(010)81055315
广告经营许可证：京东市监广登字 20170147 号

前　言

随着移动设备的日益普及，PC 端和移动端网站 UI 设计的差异日益突出。本书将针对网站 UI 设计的方法和技巧进行讲解，同时针对 PC 端和移动端网站 UI 设计的不同之处进行介绍。

内容安排

全书共 9 章，循序渐进地介绍了 PC 端和移动端网站 UI 设计的方法，每章的主要内容如下所述。

第 1 章　网站 UI 设计概述：主要介绍网站 UI 设计的要素、网站 UI 设计的基本元素、常见的网站 UI 设计风格、网站 UI 设计的命名规范等。

第 2 章　网站 UI 设计的色彩搭配：主要介绍对色彩的基本理解、配色技巧、网站 UI 设计中色彩的搭配、色彩在各类网站中的表现力和网站色彩的编排设计等。

第 3 章　网站 UI 设计的版式与布局：主要介绍常见的网页布局方式、文字在网页中的作用、网页文字的设计原则、网页文字的排版方式和根据内容决定页面布局等。

第 4 章　网站图片的优化与调整：主要介绍网站中的图片、图章工具的使用、修复网站中的图像、自动调整图像色彩、手动调整图像色彩、填充和调整图层以及批处理等。

第 5 章　网站图标和按钮设计：主要介绍网站图标的概念与应用、网站图标的设计原则、网站按钮的特点和网站按钮的表现形式等。

第 6 章　网站导航设计：主要介绍网站导航的作用、网站导航的设计标准、网站导航的表现形式、网站导航的位置和网站导航的视觉风格等。

第 7 章　网站文字与广告设计：主要介绍文字编排设计的重要性、网站中的文字设计要求、网站文字的排版设计、网站广告的特点和网站广告的常见类型等。

第 8 章　PC 端网站 UI 设计：主要介绍 PC 端网站和移动端网站的不同、制作网站登录页面和制作时尚简洁的电子商务网站页面等。

第 9 章　移动端网站 UI 设计：主要介绍移动端 App UI 设计基础、移动端 App UI 设计与 PC 端 UI 设计的区别、iOS 系统 UI 设计、设计 iOS 系统音乐 App 界面、Android 系统 UI 设计和设计 Android 系统音乐 App 界面。

本书特点

本书内容全面、结构清晰、案例新颖，全面介绍了不同类型元素的处理、表现的相关知识以及所需的操作技巧。

- 通俗易懂的语言

本书采用通俗易懂的语言全面地介绍了 PC 端和移动端网站 UI 设计所需的基础知识和操作技巧，综合性和实用性较强，确保读者能够理解并掌握相应的知识与操作。

- 基础知识与操作案例结合

本书摒弃了传统的纯理论式教学模式，采用了基础知识与操作案例相结合的讲解方式。

- 技巧和知识点的归纳总结

本书在基础知识和操作案例的讲解过程中列举了大量的提示和技巧，这些都是编者结合长期的 UI 设计经验与教学经验归纳总结出来的，可以帮助读者更准确地理解和掌握相关的知识和操作技巧。

● 多媒体资源辅助学习

为了拓宽读者的学习渠道、增强读者的学习兴趣，本书配有多媒体教学资源，教学资源中提供了本书所有案例的相关素材、源文件以及教学视频，读者可以登录人邮教育社区（www.ryjiaoyu.com）下载。

读者对象

本书适合网站 UI 设计爱好者、希望进入 UI 设计领域的初学者以及学习 UI 设计的学生阅读、学习，同时对于 UI 设计专业人士也有较高的参考价值。希望本书能够帮助广大读者早日成为优秀的网站 UI 设计师。

本书由孟祥玉、侯楚著担任主编，曹文祥、曾杰、张超担任副主编。编者在写作过程中力求严谨，但疏漏之处在所难免，恳请广大读者批评指正。

编　者

2020 年 1 月

目　录

第1章 网站 UI 设计概述

互联网的发展不仅需要在技术上求新、求异，还需要在网站视觉风格上迎合大众的审美需求。随着互联网的普及，越来越多的企业、消费者对网站的视觉效果提出了更高的要求。优秀的网站 UI 设计可以更好地诠释企业的品牌和形象。本章将对网站 UI 的相关知识进行介绍，帮助读者快速掌握网站 UI 设计的基本知识。

1.1 初识网站 UI

UI 的本意是指用户界面，用户界面就是人与机器的交互中介。为了使人机交互更为和谐，设计人员就需要设计出兼具简易性和合理性的用户界面，借此来拉近人与机器之间的距离。在网络高度发达的今天，UI 设计工作也越来越受到重视。一个界面美观的网站会给用户带来愉悦的视觉享受和操作体验，是建立在科学技术基础上的艺术。

1.1.1 什么是网站 UI 设计

网站 UI 设计指的是网站界面设计，由于网站通常是由诸多的网页组成的，所以网站界面设计也就是指网站中网页的设计。一张网页就是一个超文本标记语言（Hyper Text Markup Language，HTML）格式的文档，这个文档包含文字、图片、声音和动画等其他格式的文件，这张网页中的所有元素被存储在一台与互联网相连接的计算机中。当用户发出浏览这张网页的请求时，就由这台计算机将页面中的元素发送至用户的计算机中，再由用户的浏览器将这些元素按照特定的方式排列成用户看到的网页显示出来。

作为上网的主要依托，网页变得越来越重要，网页注重的是排版布局和视觉效果，最终目的是给每位用户提供一个布局合理、视觉效果良好，功能强大并且实用的页面。图 1-1 所示为设计精美的网页效果。

图 1-1

1.1.2 网站页面的分类

网站是由多个网页组成的，网页中的基本元素是相对单一的，如文本、图像、音频和视频等，但网页中的具体信息却包罗万象。根据网页具体内容和风格的不同，大致可以将其分为环境性页面、情感性页面和功能性页面三大类型。

1．环境性页面

任何一个互动设计作品都无法脱离环境而存在，环境对设计作品的信息传递有着特殊的影响，包括经济、文化、科技、时事、历史、民族、宗教信仰和风俗习惯等，因此营造页面的环境氛围是不可忽视的一项设计工作。网站 UI 设计也会受到主流文化的直接影响，网站页面的风格、版式和内容只有在顺应社会主流文化和符合大众需求的情况下才能被接受。图 1-2 所示为两款环境性网站页面。

图 1-2

2．情感性页面

此处的情感性并不是指网站内容，而是指通过配色与版式的搭配营造出情感氛围，引起人们在情感上的强烈共鸣，从而被牢牢地记住。如果一个网站页面的版式新奇独特，配色活泼艳丽，相信它也会为用户所认同和喜爱。图 1-3 所示为两款成功的情感性网站页面。

图 1-3

3．功能性页面

功能性页面的应用比例很大，主要用来展示产品和相关信息，它实现的是实用性功能。各种购物网站以及公司网站基本采用功能性页面。一款优秀的功能性网站页面应该能让用户快速了解该网站的最终目的和要表达的信息，并能根据需求快速检索到所需信息。图 1-4 所示为两款功能性网站界面。

图 1-4

1.1.3　网站 UI 设计的特性

网络日益发展的今天，单纯的文字和数字网页已经不复存在，取而代之的是形式和内容更为丰富的页面。网站 UI 设计也具有统一的设计特点，并且兼备新时代的艺术特性。

1．交互性与持续性

网站不同于传统媒体之处在于其信息的动态更新和即时交互。即时交互是互联网成为热点的主要原因之一，也是网站 UI 设计中必须考虑的问题。传统媒体都以线性方式来提供信息，即按照信息提供者的感觉、体验和事先确定的格式进行传播。在互联网环境下，人们不再是一个被动接受者，而是以主动参与者的身份加入信息的加工处理和发布过程中。这种持续的交互，使网站艺术设计不像印刷品设计那样，发表就意味着设计的结束。

网站设计人员必须根据网站各个阶段的经营目标，配合网站不同时期的经营策略和用户的反馈信息，经常对网站进行调整和修改。例如，为了保持用户对网站的新鲜感，很多大型网站总是定期或不定期地进行改版，这就需要设计者在保持网站视觉形象一贯性的基础上，持续创作出新的页面效果。图 1-5 所示为具有交互性的网站页面。

2．多维性

多维性源于超链接，主要体现在网站设计中对导航的设计方面。由于超链接的出现，网页的组织结构变得更加丰富，使用户可以在各种主题之间自由跳转，从而改变了以前人们接收信息的线性方式。例如，页面的组织结构可分为序列结构、层次结构、网状结构、复合结构等。但如果页面之间的关系过于复杂，不仅会给用户检索和查找信息增加难度，也会给设计者带来一些麻烦。

图 1-5

为了让用户在网页中迅速找到所需的信息，设计者必须考虑快捷而完善的导航设计。在为用户考虑得很周到的网页中，导航提供了足够的、不同角度的链接，以帮助用户在网页的各个部分之间跳转，并告知用户现在所处的位置、当前页面和其他页面之间的关系等。而且，每页都有一个返回主页的按钮或链接，如果页面是按层次结构组织的，通常还有一个返回上级页面的链接。

对网站设计者来说，面对的不是按顺序排列的印刷页面，而是自由分散的网页，因此必须考虑更多的问题。如怎样构建合理的网站页面组织结构？怎样建立包括站点索引、帮助页面、查询功能在内的导航系统？这一切从哪儿开始，到哪儿结束？图 1-6 所示为网站页面中设计得较为出色的导航页。

图 1-6

3．多媒体的综合性

目前网站中使用的多媒体视听元素主要有文字、图像、声音、视频等。随着网络带宽的增加、芯片处理速度的提高以及跨平台的多媒体文件格式的推广，必将促使设计者综合运用多种媒体元素来设计网站，以满足用户对网络信息传输质量提出的更高要求。目前国内网站已经出现了模拟三维的操作页面，在数据压缩技术的改进和流技术的推动下，互联网中出现了实时的音频和视频服务，典型的有在线音乐、在线广播、网上电影、网上直播等。多媒体的综合运用是网页艺术设计的特点之一，也是未来的发展方向之一。图 1-7 所示为在网站页面中应用动画和视频等多媒体元素。

图 1-7

4．版式的不可控制性

网站版式设计与传统印刷版式设计有着极大的差异：一是印刷品设计者可以指定使用的纸张和油墨，而网站设计者却不能要求用户使用什么样的计算机或浏览器；二是互联网正处于不断发展之中，不像印刷那样基本具备了成熟的行业标准；三是网站设计过程中有关 Web 的每件事都可能随时发生变化。

网络应用也很难在各个方面都制定出统一的标准，这必然会导致网站版式设计的不可控制性。其具体表现：一是网站页面会根据当前浏览器窗口大小自动格式化输出；二是网站的用户可以控制网站页面在浏览器中的显示方式；三是用不同种类、版本的浏览器浏览同一个页面，效果会有所不同；四是用户的浏览器工作环境不同，显示的效果也会有所不同。

把所有问题归结为一点，即网站设计者无法控制页面在用户端的最终显示效果，但这也正是网站设计吸引人之处。图 1-8 所示为不同版式的网站页面效果。

5．艺术与技术的紧密性

设计是主观和客观共同作用的结果，是在自由和不自由之间进行的。网站设计者不能超越自身已有经验和所处环境造成的客观条件限制，而优秀的网站设计者正是在掌握客观规律的基础上得到了"完全的自由"——一种想象和创造的自由。网络技术主要表现为客观因素，艺术创意主要表现为主观因素。网站设计者应该积极主动地掌握现有的各种网络技术规律，注重技术和艺术的紧密结合，这样才能穷尽技术之长，实现艺术想象，满足用户对网页信息的高质量需求。图 1-9 所示为设计精美的网站页面。

图 1-8   图 1-9

1.2　网站 UI 设计的要素

网站设计者不仅要掌握基本的网页制作技术，还要掌握风格、配色等美术设计原理，然后依照项目设计的目的和需求，对网站页面的结构元素进行艺术构思。网站 UI 设计是一种创造性思维活动，以创造艺术化、人性化的网站页面为目的。可以将平面视觉设计中的审美要点套用到网页视觉设计中，并利用各种色彩的搭配营造出不同的氛围，从而表现不同形式的美，如图 1-10 所示。

图 1-10

1.2.1　网站 UI 设计的必备特点

这里所指的设计不仅是网站页面表现上的一些装饰，还需要将企业形象、文化内涵等要素都体现在网站视觉设计中。可以说网站视觉效果是整个网站的"门面"，它决定了网站能否吸引消费者，是否能够引起消费者的兴趣，是否能够吸引消费者再次光临。对图 1-11 所示的食品网站而言，漂亮的视觉风格设计可以让人有想吃的欲望，这种欲望将促使用户继续浏览网站，并促进消费。

图 1-11

人们在接受外界信息时，视觉的运用占绝大部分，而听觉的运用只占很少一部分，因此可以说网站页面的视觉风格设计新颖、独特的程度，决定了大多数用户对该网站内容和信息的关注程度。只有在用户充分关注的基础上，网站才能够更好地为企业、用户服务，将产品、服务等推销给用户。

1．鲜明的主题

不同的网站所针对的消费群体或者服务对象也不相同，所以网站页面就需要采用不同的表现形式。有些网站只提供简洁的文本信息；有些网站采用多媒体的表现手法，使用华丽的图像、欢乐的动画，甚至是精彩的视频和动人的声音。为了使网站主题鲜明突出、要点明确，设计者需要按照客户的要求，使用多种方法和技巧，以简单明确的画面来实现。

香奈儿（CHANEL）是世界知名的化妆品及服饰品牌，在大众中已经建立了一定的企业形象。图 1-12 所示的 CHANEL 官方网站采用了极其简约的设计风格，只突出了两个元素，一个是品牌，另一个就是主打产品，通过黑色的背景色来突出白色的文字以及产品广告图片，表现出其高贵气质。针对不同国家客户的网站除了语言不同以外，其他元素基本保持不变，这是由 CHANEL 的企业品牌形象识别系统决定的。

图 1-12

2．明确的目标

企业网站 UI 设计是展现企业形象、介绍产品和服务、体现企业发展战略的重要途径，因此必须明确所设计网站的目的和受众需求，从而做出切实可行的设计计划。网站设计者要根据受众的需求、市场的状况、企业自身的情况等进行综合分析；明确企业整体视觉形象，以用户为主、艺术设计为辅的思路进行设计规划；充分考虑建设网站的目的是什么，受众是哪些，为他们提供什么样的服务和产品，网站用户有哪些特点，产品和服务适合什么样的风格等，进而做出符合企业整体形象的网站视觉规划。

图 1-13 所示为同属上海通用汽车公司旗下的汽车品牌，根据所针对的用户群体和定位的不同，两个网站在页面的视觉风格设计上也稍有差别，但都秉承了企业品牌的形象气质，并且在每个网站中都可以明确感受到企业的高品质工业化目标及对用户精益求精的服务态度。

图 1-13

3．精彩的网页版式

网站 UI 设计特别讲究排版和布局。虽然网站页面的设计不等于平面设计，但它们有许多共通之处。版式设计通过文字和图形的结合来表达和谐之美，要把网站页面之间的有机联系反映出来，必须处理好页面之间和页面内的秩序与内容的关系。为了达到最佳的视觉效果，网站设计者需要反复地尝试各种不同的页面布局，找到最佳的方案，从而带给用户一个流畅、轻松的视觉体验。

图 1-14 所示为麦当劳中国官方网站的主页，应用不规则的页面布局，给人眼前一亮的感觉。例如，应用大小不等的小方块来展现品牌特色，操作方便、直观，突破了传统的网页布局形式，这样的排版布局往往能

够给用户留下深刻的印象。

图 1-14

4. 合理的色彩应用

色彩是艺术表现的要素之一。在网站设计中，设计者以和谐、均衡和突出重点为原则，将不同的色彩进行组合、搭配，根据企业视觉识别系统（VI）对标准色进行选取和应用，有助于企业整体形象的统一。

图 1-15 所示为锐澳鸡尾酒官方网站的首页，运用该品牌视觉形象中的蓝色、红色、粉色、绿色和白色进行网站页面的配色处理，几乎所有有关锐澳鸡尾酒的网站都会采用这 5 种颜色进行配色，这就体现了品牌形象的统一性，将会加深消费群体对该品牌的认知度。

图 1-15

5. 内容与形式的统一

灵活运用对比与调和、对称与平衡以及留白等方法，结合空间、文字、图形之间的相互关系建立整体的均衡，可以产生和谐的美感。例如，在页面设计中，对称原则的均衡性要求有时会使页面显得呆板，但如果加入一些富有动感的文字、图形或采用夸张的手法来表现内容，往往会达到比较好的效果。

点、线、面是视觉语言中的基本元素，将它们巧妙穿插，互相衬托，能构成较佳的页面效果，充分表达设计意境。图 1-16 所示为一家茶叶店网站的首页，该网站专门推介"小青柑"品种的茶叶，整个网站运用动画的形式，将精美的茶品广告画面作为背景，配合底色和文字内容介绍，给人一种舒适、静心的感觉，达到了内容与形式的统一。

图 1-16

1.2.2 立体空间节奏感

借助动静变化、图像的比例关系等因素，依托图片、文字的前后叠压或页面的位置变化，可以形成具有立体空间感的视觉效果。

页面上、下、左、右、中位置的空间关系以及疏密的空间关系所构成的空间层次可以使其更富有弹性，同时让人产生轻松或紧迫的心理感受，如图 1-17 所示。

图 1-17

现在，人们已不再满足于 HTML 实现的二维空间网页，三维空间网页开始变得更具吸引力，于是虚拟现实建模语言（Virtual Reality Modeling Language，VRML）出现了。VRML 是一种用于真实世界场景建模模型或虚构三维空间场景建模的语言，能够运行在多个平台上，可以塑造丰富的立体空间感，更多地为虚拟现实提供环境服务，如图 1-18 所示。

图 1-18

1.2.3　视觉导向性

网站 UI 设计是将许许多多不同种类的信息进行资源整合，在进行网站的整体设计时还应考虑网站的整体视觉风格和特色，根据不同的服务对象设计具有不同视觉风格和特点的网站。有些站点只提供简洁的文本信息，有些站点则采用多媒体的表现手法，提供华丽的图像、闪烁的灯光、复杂的页面布置，甚至提供可以下载的音频和视频等。

网站 UI 设计首先要能够吸引浏览者的注意力。如今，HTML 动画、交互设计、三维空间等多媒体形式开始大量应用在网站 UI 设计中，给用户带来不一样的视觉体验，同时为网站的 UI 设计增色不少。

在进行网站 UI 设计时，首先需要对网站页面进行整体的规划，根据网站信息内容的关联性，把页面分割成不同的视觉区域；然后采用不同的视觉手段，分析网页中哪一部分信息是最重要的，什么信息次之。这样才能给每个信息一个相对准确的定位，使整个网站结构条理清晰。

用户在浏览网站页面时，网页中的文字、图像、颜色、图标等都是信息特征和视觉导向元素。对于一个网站而言，清晰性、逻辑性是用户通行的保障，进行网站整体视觉导向性设计，既可以方便使用户快速地到达目的页面，又可以使其清晰地知道自己的位置，并能单击网站页面上的超链接迅速浏览到相应的网站内容，如图 1-19 所示。

图 1-19

1．树状链接导向

首页链接指向一级页面，一级页面链接指向二级页面，这样的链接结构页面，帮助用户一级一级地进入，一级一级地退出。其优点是条理清晰，用户明确知道自己在什么位置，不会"迷路"；缺点是浏览效率低，因为要从一个栏目下的子页面转到另一个栏目下的子页面，必须先返回首页。内容较少的小型网站的结构设计多采用这种链接结构，如图 1-20 所示。

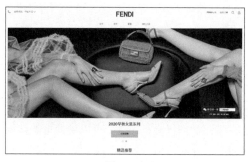

图 1-20

2．星状链接导向

这种结构类似网络服务器的链接结构，在每个页面设置一个共同的链接枢纽，所有页面都可通过枢纽保持链接，也就是说链接枢纽是所有页面的入口。很多门户网站都采用这种结构，它的优点是浏览方便，用户可以随时切换到自己想看的页面，如图1-21所示。

图1-21

树状链接结构和星状链接结构是两种基本结构，它们是当前网站设计中最常用的。在网站结构设计中，将这两种结构结合使用，可以达到互相补充的效果，用户既可以方便快速地看到自己需要的页面，又可以清晰地知道自己的位置。在首页和一、二级页面之间用星状链接结构，二级、三级和四级页面之间用树状链接结构，这种结合方式兼具树状链接和星状链接结构的优势，使页面结构清晰的同时又能大大地提高浏览速度。当然，这些链接方式应根据网站建设的实际情况灵活运用，以求达到最佳效果。

3．网站页面结构分割

利用有效的页面分割工具将信息进行编排，可以使网站主题鲜明突出、要点明确、层次分明。例如，一般网站的首页应具备的基本信息包括以下几部分内容。

- 页眉：准确无误地标示站点名称或企业标志。
- E-mail 地址：用来接收用户垂询。
- 联系信息：显示普通邮箱地址或电话号码等。
- 版权信息：声明版权所有等。

将这些基本信息与相应的图片、声音、动画等视听元素进行完美的结合，才能使用户获得美的视觉感受。图1-22所示的网站页面中的各种文字、图片等视听元素通过框架、层或表格工具进行视觉分割，使整体页面产生了韵律的美感，同时也使各类信息层次分明，进而产生了舒适的视觉感受。

图1-22

将网站页面中的各类基础视听元素进行有机结合，可以借助框架结构（Frame，相当于版式设计中的Grid）对页面进行分栏，如上下结构、左右结构、嵌套结构（混合结构），或者采用层定位的方式进行页面布局设计，又或者采用表格定位的方式确定页面布局。

在分割工具中，对表格的应用是创造性的。网页页面的结构作用是在服务表格和框架的基础上创建韵律，如根据页面创意进行分割，为网页设置不规则形状的背景，可以突破视觉上的过分规律，避免呆板。

在进行网站 UI 设计的过程中，一定要注意控制网站页面的容量，这将决定用户在浏览该网站时所需要等待的时间。任何一个用户都不愿意等待几分钟才能看到网站的内容。所以，在网站 UI 设计过程中，要尽量避免使用过多或体积过大的图像，如图 1-23 所示。

图 1-23

1.2.4　导航设置

导航在网站中具有重要的指引作用，它可以通过菜单、栏目、产品信息、在线帮助等有效地引导用户访问网站内容，是网站与用户直接沟通的桥梁。网站页面中的导航效果是评价一个网站专业度、可用度的重要指标，同时也对搜索引擎起到帮助作用。所以，在进行网站 UI 设计时，应全面考虑导航的设计效果。

1．导航的形式

网站页面导航的主要功能是更好地帮助用户访问网站内容。一个优秀的网站页面导航，应该从用户的角度进行设计。导航设计合理与否将直接影响到用户使用时的舒适度，所以在不同的网页中使用不同的导航形式时，既要注意突出表现导航，又要注意整个页面的协调性。

2．导航的方向

网站页面导航作为页面的重要视觉元素，导航的方向会影响整个网站的风格。按照方向来划分导航，可以将其分为垂直导航、横排导航、倾斜导航、乱序导航。

（1）垂直导航

垂直导航占用的空间较多，一般情况下适用于内容较少的网页，以有效地填补页面空间。根据人们的视觉习惯，一般将其居左放置。

在图 1-24 所示的页面中，垂直导航起到了划分页面的作用，使整个页面具有层次感，给人一目了然、简单大方的感觉。

（2）横排导航

横排导航所占用的页面空间较少，给人以大气的视觉感受，一般适用于资讯网站、门户网站等。

图 1-25 所示的网站页面的主色调为黑色，使用红色的横排导航来突出显示导航信息。红色与黑色的合理搭配形成了强烈的视觉冲击。

（3）倾斜导航

倾斜导航与垂直导航及横排导航具有很明显的差别，它能够给页面空间带来变化，增强页面的流动性，使页面更加具有活力、生机、新颖感。

图 1-26 所示的网页合理组合鲜艳的色彩与图片，增强了页面的趣味性。倾斜式导航更能起到画龙点睛的作用，使页面的动感效果增强。

图 1-24

图 1-25

（4）乱序导航

乱序导航在常见的导航中是最具特色的，它没有方向上的规定。在网页中采用乱序导航，可以使整体版式更加灵活自由，还可以留给用户更多的想象空间。

在简洁的页面中，使用色彩不同的、不规则的图形元素来设计乱序导航，可以有效弥补网站页面的空洞感，并且丰富网站页面的布局形式，如图 1-27 所示。

图 1-26

图 1-27

3．导航的位置

网站页面中有 5 个基本区域用于放置导航元素，即顶部、底部、左侧、右侧和中心，设计者可根据网页的整体版式合理安排导航元素的位置。

（1）顶部导航

图 1-28 和图 1-29 所示的网站页面采用顶部导航，其布局结构十分独特，特别是图 1-29 所示页面顶部的灰色导航设置了第一层和第二层菜单，具有很强的实用性，体现了设计者的巧妙构思。

图 1-28

图 1-29

（2）底部导航

图 1-30 所示的网站页面将导航与公司标志并排分布在网页的底部，为网站页面留出足够的空间。采用底部导航，既有利于宣传企业形象，又可以有效传达网站信息。

（3）左侧导航

图 1-31 所示的网站页面导航设计非常巧妙，形象化地运用木质板效果作为导航背景，而且导航字体为白色，清晰可见，导航与整个页面场景巧妙融合。

图 1-30　　　　　　　　　　　　　　　　　　图 1-31

（4）右侧导航

图 1-32 所示的网站页面简洁、构思独特，右侧导航的色彩与页面的主色调相统一，有利于将用户的注意力集中到页面右侧部分；导航运用的白色字体又凸显了导航的内容，和谐中又不失重点。

（5）中心导航

图 1-33 所示的页面中采用具体的产品图片作为背景，直观地传达了产品信息；采用中心导航，在诸多的页面构成元素中给人以整齐感，并且导航颜色与页面中的红色形成强烈的色彩对比，更加有利于导航信息的有效传达。

图 1-32　　　　　　　　　　　　　　　　　　图 1-33

1.3　网站 UI 设计的基本元素

想要得到一个完整而美观的网站，需要应用诸多的基础设计元素，在实际设计中，基础设计元素大体可以概括为"视听元素"和"版式元素"两大类。

1.3.1　基本构成元素

在诸多的网站设计基础元素中，最基本的构成元素就是文字、图形符号和图像。

1．文字

文字是用以记录语言、事物和交流情感的视觉文化符号，它是信息传达与交流活动中使用最普遍的视觉元素。

在网站 UI 设计中，文字也是最重要的构成元素之一，具有比其他视觉符号更加易于辨识的传达的明确性。

文字作为约定俗成的符号，形态的变化并不影响传达的信息本身，但会对传达的效果产生一定的影响。对于网站 UI 设计中的文字，设计者应该根据视觉美学的规律，并结合文字自身的含义以及想要传达的信息的特点，对大小、字体、色彩等方面进行设计，以便有效地传达文字深层次的意味和内涵，达到最佳的信息传达效果，如图 1-34 所示。

图 1-34

2．图形符号

图形符号是视觉信息的载体，它通过精练的形象表达一定的含义。图形符号在网站 UI 设计中可以有多种表现形式，可以是点，也可以是线、色块或者页面中的一个圆角等，如图 1-35 所示。

图 1-35

3．图像

图像在网站 UI 设计中有多种形式，具有比文字和图形符号都要强烈和直观的视觉表现效果。图像受指定传达的信息内容与目的的约束，但在表现手法、工具和技巧方面具有比较高的自由度，从而具有无限的可能性。网站 UI 设计中的图像处理往往是网页创意的集中体现，图像的选择应该根据传达的信息和受众群体来决定，如图 1-36 所示。

图 1-36

视听元素主要包括文本、背景、按钮、图标、图像、表格、颜色、导航工具、背景音乐及动态影像等，这些多媒体视听元素在浏览器中都可以显示、收听或播放。它们在网站整体设计中的综合应用可以大大地增强网页的表现力，使浏览者享受到更好的视听效果，如图 1-37 所示。

图 1-37

1.3.3　版式元素

版式设计在网站 UI 设计中占据着重要的地位，它在有限的计算机屏幕上，根据网站的设计风格，将诸多的多媒体视听元素进行有机的排列组合，并将其个性化展示。优秀的版式设计在高效传达信息的同时，会使用户拥有感官上和精神上的享受。

1.4　常见的网站 UI 设计风格

如今的网站多如牛毛，每个网站都有自己独特的设计风格。总的来说，网页设计常见的设计风格有如下 7 种。

1.4.1　扁平化风格

扁平化风格可以说是时下最常用的网页设计风格，它弱化了材质、渐变、阴影效果，去除了冗余的信息、图形元素、排版。

扁平化风格可以使画面显得更加平滑，会提升网站内容信息的视觉层级，更加方便用户快速寻找自己需要的内容。同时扁平化的页面能更好地实现不同尺寸的转换，如图 1-38 所示。

图 1-38

> **提示**
>
> 扁平化这个概念最核心的地方就是放弃一切装饰效果，诸如阴影、透视、纹理、渐变等能做出 3D 效果的元素一概不用；所有元素的边界都干净利落，没有任何羽化、渐变或者阴影效果；尤其在手机上，体现为更少的按钮和选项，使得页面干净整齐，使用起来格外简便。

1.4.2　3D 风格

这里所说的 3D 风格不是纯粹的使人感到身在其中的 3D 环境，而是指运用少量 3D 效果使整个网页显得更加灵动的设计风格。在扁平化的基础上添加一些生动的非扁平元素，可以营造出网站页面原本缺乏的纵深感，同时提升主体的视觉吸引力，如图 1-39 所示。

图 1-39

1.4.3　极简风格

著名工业设计大师迪特·拉姆斯的一个设计原则就是"好的设计是尽可能少的设计"。这条原则也同样适用于网站 UI 设计。

在网站页面中应去除非必要的信息，因为页面中每增加一个元素，都会引起用户的关注，甚至成为用户完成目标任务过程中的阻碍。极简设计的好处就在于它能最大化节约用户的时间成本。图 1-40 所示为两款极简风格的网页效果。

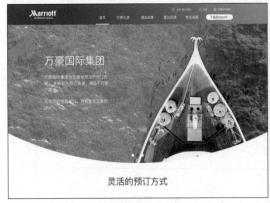

图 1-40

1.4.4　无边框风格

无边框风格是指那些避免使用各类边框的网站页面设计。这里的边框是指任何类型的装饰性容器，去掉这些装饰性容器，可以加强基本内容（如图片和排版布局）的设计感，从而提升整体的视觉效果，如图 1-41 所示。

图 1-41

1.4.5 插画风格

在网站 UI 设计中,除了使用大量的图片作为背景或主体元素外,插画的运用也是一种很好的方式。运用插画来表达网站主题,同时加上插画图标作为点缀,可以使页面看起来清新有趣,从而增强网站本身的独特性,如图 1-42 所示。

图 1-42

1.4.6 黑板风格

黑格风格最常见的运用方式就是将黑板作为背景元素,同时黑板本身的装饰效果会使网站显得非常时尚。许多经典的美食网站 UI 设计都采用的是这种风格。除了使用黑板以外,将现实场景中的桌面运用到背景中也会使设计格外出彩,如图 1-43 所示。

图 1-43

1.4.7 超级头版风格

在以往的网站 UI 设计中，轮播的幻灯片充斥着各种网站，虽然这种设计方式在许多网站首页中仍然适用，但是正在失去吸引力，取而代之的是核心区域元素，也就是主题图或者超级头版。超级头版风格是指在首页中使用尺寸超大、精美迷人的 Banner，汇聚对产品的精华总结，从而将网站中最重要的内容集中展示给用户，如图 1-44 所示。

图 1-44

1.5 网站 UI 设计的命名规范

完整的网站页面往往包含很多个部分，例如 Logo、导航、Banner、菜单栏、主体和版底等。使用 Photoshop 设计页面时，按照规定的准则命名图层或图层组，不仅有利于快速查找页面和修改页面效果，还可以大幅提高切图和后期制作的工作效率。图 1-45 所示为一款结构完整的网站 UI 设计效果示例。

图 1-45

常用的 CSS 标准化设计命名列举如下，在使用 Photoshop 设计网站页面时，可以用英文名来命名每个部分。

头/页眉：header　　　　　　　　　　左右中：left right center
内容：content/container　　　　　　登录条：loginbar
尾/页脚：footer　　　　　　　　　　标志：logo
导航：nav　　　　　　　　　　　　广告：banner
侧栏：sidebar　　　　　　　　　　页面主体：main
栏目：column　　　　　　　　　　热点：hot
页面外围控制整体布局宽度：wrapper　新闻：news

下载：download

子导航：subnav

菜单：menu

子菜单：submenu

搜索：search

友情链接：friendlink

版权：copyright

滚动：scroll

内容：content

标签页：tab

文章列表：list

提示信息：msg

小技巧：tips

栏目标题：title

加入：joinus

指南：guide

服务：service

注册：register

状态：status

投票：vote

合作伙伴：partner

1.6　课堂提问

通过对本章的学习，相信读者对网站 UI 设计已有了初步的了解，希望读者在日后的设计过程中活学活用，以达到理想的设计效果。网站建设的流程是怎样的呢？

网站建设流程

使用 Photoshop 设计和制作一张静态的页面难度并不大，但是想要搭建起一个完整的网站，并保证各种功能都能够正常运行，能够随时更新页面中的信息，并不是短时间内可以做到的。网站的建设和维护周期很长，一般分为图 1-46 所示的几个步骤。

图 1-46

1.7　本章小结

本章主要介绍了一些与网站搭建、网站 UI 设计相关的基础知识，包括网站 UI 设计的定义、网站 UI 设计的分类、网站 UI 设计的准则以及网站 UI 的构成元素等，简单地了解这些知识有助于更好地理解网站 UI 设计。

第2章　网站 UI 设计的色彩搭配

色彩本身是客观的，但色彩的出现总能引起人们一系列的心理活动。人们的联想、风俗习惯、生活经历会给色彩注入情感内涵，并由此引发人们对不同色彩的好恶，使色彩具有了情感的象征性。

色彩是强有力的、高刺激性的设计元素。在网站 UI 设计中，色彩是重要的情感语言之一。色彩能激发人的情感，和谐的色彩搭配可以使一幅图像充满活力。

对色彩的基本理解

本节将向读者介绍有关色彩的术语以及色彩搭配的基本原理等知识，帮助读者重新审视色彩的属性，从而提高其在具体网站 UI 设计中的色彩运用能力。

在运用色彩之前，必须掌握色彩的三原色和组成要素，但最主要的还是对其属性的掌握。自然界中的色彩都是通过光谱七色光产生的，色相可以表现红、蓝、绿等色彩；明度可以表现色彩的明亮程度；纯度可以表现色彩的鲜艳程度。

2.1.1　色相

色相是色彩的一种属性，是指色彩的相貌。准确地说，色彩的相貌是按照波长来划分的。在可见光谱中，人能够感受到红、橙、黄、绿、青、蓝、紫等具有不同特征的色彩。原色是最原始的色彩，按照一定的原色比例进行配色，能够产生多种色彩。根据色彩的混合模式不同，原色也有区别。屏幕显示使用光学中的红、绿、蓝作为原色；而印刷使用红、黄、蓝作为原色。

将任意两种邻近的原色进行混合，都可得到一种新的颜色，即为次生色。三次色是由原色和次生色混合而成的颜色，在色环中处于原色和次生色之间，如图 2-1 所示。

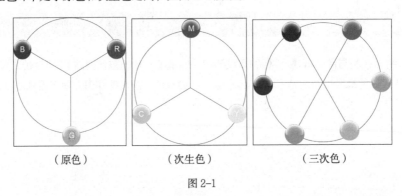

（原色）　　　　　　　　（次生色）　　　　　　　　（三次色）

图 2-1

2.1.2　明度

所谓明度，是指色彩光亮的程度。所有颜色都有不同的光亮，亮色就称其"明度高"；反之，则称其"明度低"。在无彩色中，明度最高的是白色，中间的是灰色，最低的是黑色。

2.1.3　纯度

　　纯度是指色彩的饱和程度，也称为色彩的纯净程度，或色彩的鲜艳程度。原色的纯度最高，它与其他色彩混合后，纯度就会降低，尤其是白色、灰色、黑色、补色混合后，纯度会明显降低。纯度越高的色彩，越容易残留影像，也越容易被记住，如图 2-2 所示。

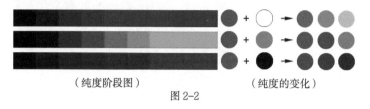

（纯度阶段图）　　　　　　　（纯度的变化）

图 2-2

2.1.4　对比度

　　对比度是指不同色彩之间的差异。换句话说，也就是每种色彩所固有的色感受调配色彩的纯度及明度的影响程度，或者说色彩的运用面积不同，色彩感受也有所不同。色彩的对比度与可视性有着密切的关系，对比度越大，可视性越高。

2.1.5　可视性

　　色彩的可视性是指色彩在多长距离范围内能够被看清楚，以及在多长时间内能够被辨识。纯度高的色彩可视性高，对色彩对比而言，对比差越大，可视性也越高。

2.2　配色技巧

　　在网站 UI 设计中经常能够看到有华丽、强烈色彩感的设计。大多数设计者都希望能够摆脱各种限制，表现出华丽的配色效果。但是，想要把几种色彩搭配得非常华丽并不容易，这就需要设计者具备出色的色彩感。

　　色彩搭配可以分为单色、类似色、补色、邻近补色、无彩色等，配色方法不同，色彩感觉也不同。下面介绍有效配色的基本方法。

2.2.1　单色

　　单色配色是指选取单一的色彩，在单一色彩中加入白色或黑色来改变该色彩明度的配色方法，如图 2-3 所示。

图 2-3

2.2.2　类似色

　　类似色又称邻近色，是指色相环中邻近的色彩，相互之间色相差别较小。在 12 色相环中凡夹角在 60° 范围之内的颜色均为类似色关系。类似色是在配色中比较容易搭配的色彩，如图 2-4 所示。

图 2-4

2.2.3 补色

补色与类似色正好相反，色相环中位于对角方向的色彩互为补色。用补色配色可以表现出强烈、醒目、鲜明的效果，如图 2-5 所示。

图 2-5

2.2.4 邻近补色

选择一种颜色，在色相环的另一边找到它的补色，然后使用与该补色相邻的一种或两种颜色进行配色，便形成了邻近补色配色风格，如图 2-6 所示。

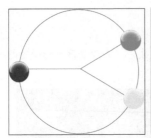

图 2-6

2.2.5 无彩色

无彩色是指黑色和白色以及由黑白两色相混而成的各种深浅不同的灰色。其中的黑色和白色是单纯的色彩，而由黑色、白色混合形成的灰色却有着深浅的不同。无彩色系的颜色只有一种基本属性，那就是明度。

无彩色系虽然没有彩色鲜艳，但是有着彩色无法替代和无法比拟的重要作用。在实际生活中，人们肉眼看到的颜色都或多或少地包含了黑、白、灰的成分，因此，设计的色彩也变得丰富，如图 2-7 所示。

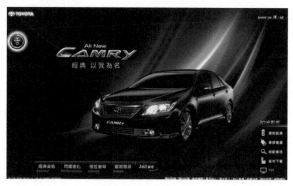

图 2-7

2.3 网站 UI 设计中色彩的搭配

色彩搭配既是一项技术工作,也是一项艺术工作。因此,网页设计师在设计网站页面时除了要考虑网站本身的特点外,还需要遵循一定的艺术规律,才能设计出色彩鲜明、风格独特的网站。下面讲解一些网站色彩的搭配方法和技巧,希望可以帮助读者在这方面少走弯路,快速提高网页设计水平。

2.3.1 色彩的对比

色彩本身没有任何含义,但色彩确实可以在不知不觉中影响人的心理、左右人的情绪。不同色彩之间的对比会有不同的效果,当两种颜色对比时,这两种颜色可能会各自走向自己色彩表现的极端,例如,红色与绿色对比,红色更红,绿色更绿;黑色与白色对比,黑色更黑,白色更白……由于每个人对色彩的视觉感受不同,对比的效果通常也会因人而异。当人们长时间看一种纯色,如红色,然后再看周围的人,会发现周围人的脸变成了绿色,这正是因为红色与周围颜色的对比造成了对人们视觉感观上的刺激。另外,色彩的对比还会受很多其他因素影响,如色彩的面积、明度等。

各种纯色的对比会产生鲜明的色彩效果,很容易使人产生联想与心理的满足感。例如,红色与黄色对比,红色会使人想起玫瑰的味道;而黄色则会使人想起柠檬的味道,令人感觉到活泼、自然,如图 2-8 所示。

纯度对比也是页面色彩对比的一种。例如,黄色是比较夺目的颜色,但是加入灰色后会减弱其夺目的效果。通常可以在纯色中混入黑、白、灰色降低其纯度,如图 2-9 所示。

除了色相对比、纯度对比之外,网站页面色彩搭配还会受到以下一些因素的影响。

图 2-8

图 2-9

1. 色彩面积的大小和形状

有很多因素可以影响网站页面色彩的对比效果,色彩面积的大小就是其中最重要的一项。如果两种色彩面积相同，那么这两种色彩之间的对比就十分强烈；但是当两者面积大小不一样时，小面积色彩就会成为大面积色彩的补充，会使色彩的对比产生生动的效果。例如，在一大片绿色中加入一小点红色，可以看到红色在绿色的衬托下更抢眼，这就是色彩的面积大小对对比效果的影响。在大面积色彩的陪衬下，小面积的纯色会具有特别突出的效果。但是如果这个小面积的色彩是较淡的色彩，则人可能会感觉不到这种色彩的存在。例如，在黄色中加入淡灰色，人们就不一定会注意到淡灰色。

使用不同形状的同一种色彩也会有不同的效果。例如，在一个正方形和一条线上使用红色，正方形更能表现红色稳重、喜庆的感觉。所以，不同的形状也会影响色彩的表现效果，如图 2-10 所示。

2．色彩在网站页面上所处的位置

色彩在网站页面上所处的位置不同也会造成色彩对比的不同。例如，把两个同样面积的色彩放在页面不同的位置，如前后位置，就会觉得后面的色彩要比前面的色彩暗一些。这正是由于所处的位置不同，造成视觉感受不同。

色彩的渐变是色彩运用中的一种技巧，很多软件中有渐变工具，使用这个工具，同一色相不同纯度的色彩组合在一起会产生令人吃惊的效果。色彩的渐变有一种如同乐曲旋律一样的变化，暗色中含有高亮度色彩的对比，给人清晰的感觉，如深红中间的鲜红；中性色与低亮度色彩的对比，会给人模糊、朦胧、深邃的感觉，如草绿中间的浅灰；纯色与高亮度色彩的对比，会给人跳跃舞动的感觉，如黄色与白色的对比；纯色与低亮度色彩的对比，会给人轻柔、欢快的感觉，如浅蓝色与白色，如图 2-11 所示。

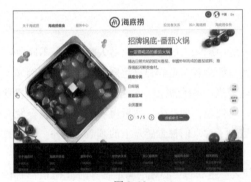
图 2-10

图 2-11

2.3.2 色彩搭配原则

色彩搭配在网站 UI 设计中是相当重要的。背景与前景文字的色彩间应尽可能地避免亮度、色调及饱和度过于接近，避免页面信息不好识别；同时要避免高饱和度的文字与明亮的背景配合，否则会使页面看起来比较刺眼。如果背景比较暗淡，使用较亮的文字一般会有很好的效果。在选用表格背景色或网页背景色这类大面积的色块时，最好选用低饱和度的颜色。如果只是给表格边框设置颜色，就没有必要像处理大面积色块那样去处理了，但是处理后的效果起码要看起来舒服，如图 2-12 所示。

1．整体色调统一

如果要使设计充满生气、稳健，或具有冷清、温暖、寒冷等感觉，就必须从整体色调的角度出发进行考虑。只有控制好构成整体色调的色彩的色相、明度、纯度关系和面积关系等，才可能控制好整体色调，如图 2-13 所示。

首先，要在配色中确定占大面积的主色调颜色，并根据这一颜色来选择不同的配色方案，从中选择出最合适的方案。如果用暖色做整体色调，会呈现出温暖的感觉，反之亦然。如果用暖色和纯度高的色彩做整体色调，则会给人火热、刺激的感觉；以冷色和纯度低的色彩为主色调，则会给人清冷、平静的感觉；以明度高的色彩为主色调，则会给人亮丽、轻快的感觉；以明度低的色彩为主色调，则会显得比较庄重、肃穆。如果以色相和明度对比强烈的色彩为主色调，则会显得很活泼；如果以类似色或同一色系的色彩为主色调，则会显得很稳健；如果主色调中色相多，则会显得很华丽；如果主色调中色相少，则会显得淡雅、清新。整体色调的选择都要根据网站所要表达的内容来决定。

图 2-12

图 2-13

2．配色的平衡

配色的平衡就是颜色强弱、轻重、浓淡这几种关系的平衡。即使网站使用的是相同的配色，也要根据图形的形状和面积的大小来决定其是否可以成为调和色。

一般来说，同类色配色比较平衡，而处于补色关系且明度也相似的纯色配色，如红和蓝、绿的配色，会因为过分强烈而使人感到刺眼，成为不调和色。但如果把一个色彩的面积缩小，或者加入白、黑色调和，或者改变其明度和纯度并取得平衡，则可以使这种不调和色变得调和。纯度高且强烈的色彩与同样明度的浊色或灰色配合时，如果前者的面积小，后者的面积大，也可以很容易地取得平衡。将明色与暗色上下搭配时，如果明色在上暗色在下，则会显得安定；反之，如果暗色在明色之上，则会有一种动感，如图 2-14 所示。

图 2-14

3．配色时要有重点色

配色时，可以将某个颜色作为重点色，从而使整体配色平衡。在整体配色关系不明确时，需要突出一个重点色来平衡配色关系。选择重点色时要注意：重点色应该是比其他色彩色调更强烈的颜色；应该选择与整体色调相对比的调和色作为重点色；重点色应该用在较小的面积上，而不能大面积地使用；选择重点色必须考虑配色方面的平衡效果，如图 2-15 所示。

4．配色的节奏

颜色配置时会产生整体色调，这种配置关系反复出现、排列就产生了节奏。这种节奏和颜色的排放、形状、质感等因素有关，逐渐地改变其色相、明度、纯度，会使配色产生有规则的变化，由此就会产生阶调的节奏。将色相、明暗、强弱等变化反复应用，就会产生反复的节奏；也可以通过色彩赋予网页跳跃感和方向感，从而产生跳动的节奏等，如图 2-16 所示。

图 2-15

图 2-16

2.4 色彩在各类网站中的表现力

不同的领域有不同的色彩表现，色彩表现力根据其所用于的行业不同也各有特征。

2.4.1 综合门户类网站

综合门户类网站没有特定的浏览群体，其访问量可以说是诸多网站中最高的。此类网站页面在色彩设计上要求直观、简洁，以便用户在最短的时间内链接到需要的栏目。如新浪网站的装饰家居页面，如图 2-17 所示，以黄色为主色调显得明亮大方，图片和文字的用色有条理，保证了用户视线的流畅。

图 2-17

2.4.2 娱乐休闲类网站

进入娱乐休闲类网站的用户是为了放松心情、寻求娱乐。这类网站注重美观，一般会用具有强烈对比的色彩来体现个性，如图 2-18 所示。

图 2-18

2.4.3 商业经济类网站

商业经济类网站是商家宣传自己的门户，它的用户是从事商业活动的业主、员工和上网购物、搜寻商业信息的客户。这类网站页面在色彩设计上要求统一协调、有秩序感，页面上的标示、主色调选取应采用企业标准色，一方面利于树立企业形象、传达服务理念，另一方面容易使人印象深刻、易于识别，如图 2-19 所示。

图 2-19

2.4.4　文化艺术类网站

文化艺术类网站旨在向大众传播文化、艺术，具有浓郁的文化气息，故在设计上主色调多选用淡雅、朴素的色彩来凸显典雅的文化氛围，如图 2-20 所示。

图 2-20

2.4.5　体育休闲类网站

体育休闲类网站的对象是众多的体育爱好者，这些人又以青年人居多，故该类网站的主色调应偏向于活泼、前卫的色调风格，如图 2-21 所示。

图 2-21

2.4.6　个人网站

个人网站的用色一般比较个性化，充分体现网站拥有者的个性和其审美情趣，如图 2-22 所示。

图 2-22

2.5　网站色彩的编排设计

色彩设计是表现符合设计理念的网站形象的一大重要战略。色彩设计不只是色彩的搭配，更是通过网站 UI 设计战略来确定网站的整体色彩体系。色彩是传达情感的视觉要素，直接传达着强、弱、轻、重的感觉。因此，对网站形象的定性而言，准确的色彩设计是其中一个非常重要的阶段。

2.5.1　网站色彩的 4 种功能角色

在小说和戏剧中，角色分为主角和配角。同样的道理，在网页色彩设计中，不同的颜色也担任着不同的角色，分为主色、支配色、融合色、强调色。

1. 主色

在戏剧中，主角是整个剧集的主线；在舞台上，主角通常站在聚光灯下，配角们退后一步来衬托他。配色上的主色也就相当于戏剧中的主角，相当于舞台上的主角，要比其他配角明显、清楚、强烈，使得用户一看就知道哪个颜色是主角，从而让视线固定下来，这样就可以起到传达中心思想的作用。

图 2-23 所示的页面中的背景色调与主色调灰色非常接近，使得整个页面缺乏层次感，让人感觉比较平淡，主体不够突出。

图 2-24 所示的页面将需要突出的主色调从背景色调中脱离出来，使主色调与背景色调产生明度上的对比，从而使页面更加具有层次感，并能够更好地突出主题。

图 2-23

图 2-24

图 2-25 所示的网站页面的主色调比较弱，无法强化主题、稳定中心，而且整个页面灰蒙蒙的，不清楚，给人不舒服的感觉。

图 2-26 所示的页面中增加了色彩的饱和度，突出页面的主色调，强化页面中色彩的冲突和对比，使页面的视觉效果更具冲击力和爆发力。

图 2-25   图 2-26

2. 支配色

支配色也可以称为背景色。舞台的中心是主角，但是决定人们整体印象的往往是背景。同样的道理，在决定网站配色的时候，如果背景色十分素雅，那么整个网站给人的感觉也会很素雅；如果背景色很明亮，那么整个网站也会给人明亮的感觉。

图 2-27 所示的网站页面使用灰色作为背景色，给人以科技感和时尚感。因此，即使使用了明度较高的紫色，整个网站依然科技感十足。

图 2-28 所示的网站页面中使用的颜色比较多，但是由于采用了灰色的渐变作为背景，所以整个页面依然给人一种和谐的感觉。

图 2-27   图 2-28

图 2-29 所示的页面中主要的元素采用了红色，起到了增强页面视觉对比的作用，但使用了蓝色作为背景色，所以整个页面给人一种科技感、时尚感和高远的感觉。

图 2-29

当使用花纹、文字或具体图案作为网页背景时，效果类似于使用边框和背景色。色彩运用合理也能够表现出稳重的风格，运用细花纹可以表现出安静和沉稳的效果，运用对比强烈的色调则会产生信心十足的感觉。

使用图案作为背景，比较适合希望表现出趣味性、高格调的网站，但对商业网站来讲，就不太匹配了，因为图案背景会冲淡商业性的效果，如图 2-30 所示。

图 2-30

3．融合色

融合色即能够将整体融合在一起的颜色。例如，在页面的不同位置应用相同的颜色，颜色的反复效果会使同样的颜色产生共鸣，从而让页面更加具有立体感。中间对着左边，上边对着下边，分开的部分应用相同的颜色，形成色彩的相互呼应，页面的整体就融合在一起了。

图 2-31 所示的网站页面中所应用的色彩比较多，红色、紫色、蓝色等元素分布于整个页面中，无形中起到了相互呼应和融合整体的作用。

图 2-32 所示的网站页面以白色作为背景色，用绿色作为融合色，左右两侧的绿色相互呼应，使页面的整体感更强。

图 2-31

图 2-32

当整个页面采用融合色的原理选取配色时，融合色在画面中的距离越远，产生共鸣的效果就越强。靠得太近，反而会变成一块，无法产生呼应的效果。如果希望呈现出较有动感的页面效果，要尽量使用使人印象深刻的融合色。融合色越鲜艳，越能表现出活跃的动感，如图 2-33 所示。

4．强调色

在选用页面配色的时候，画面的整体如果采用了压抑的颜色，那么在一小块面积上使用明亮的颜色，就能够起到着重强调的作用，这就是强调色的作用。整体色调越压抑，强调色越有效果，因为有了重点，画面整体也会产生轻快的动感。

图 2-34 所示的网站页面中使用小块的橙色作为强调色，橙色元素是整个页面的亮点，使页面产生了轻快的动感，并且能够起到突出主题内容的作用。

如果将该页面中的橙色去掉，则整个页面看起来会单调很多，显得非常乏味，动感也会消失，如图 2-35 所示。

强调色使用的面积越小、颜色越鲜艳，效果越强。因为面积小，所以无论使用多强烈的颜色，画面依然能够保持清爽的风格；同样，因为强调色面积小，整体印象也不会受到影响，如图 2-36 所示。

图 2-33

图 2-34

图 2-35

图 2-36

2.5.2 网页配色的基本方法

色彩不同的网页给人的感觉会有很大差异，可见网页的配色对整个网站的重要性。一般在选择网页色彩时会选择与网页类型相符的颜色，而且要尽量少用几种颜色，调和各种颜色，使其有稳定感。例如，把鲜明的色彩作为中心色彩时，以这个颜色为基准，主要使用与它邻近的颜色，使色彩效果具有统一性；需要强调的部分使用别的颜色，或利用几种颜色的对比。这些都是网页配色的基本方法，如图 2-37 所示。

如果想要把各种各样的颜色有效地调和起来，则有必要先定下一个规则，再按照规则去做。例如，用同一色系的色彩制作某种要素时，可以按照种类只变换背景的明度和饱和度，或者维持一定的明度和饱和度只变换色相。利用色彩的三要素——色相、饱和度和明度来配色是比较容易的。例如，使用同样的色相，变换其饱和度或明度，是简单而又有效的网页配色方法。

1．网页配色关系

想在网页中恰当地使用颜色，就要考虑各个要素的特点。当文本字号大小处于某个值时，背景和文字如果使用近似的颜色，其可识别性就会降低。而文本字号大于一定的值时，即便文本颜色与背景颜色相似，也不会降低文本的可识别性。相反，标题颜色如果与周围的颜色互为补充，可以给人整体上的调和感。如果整体使用比较接近的颜色，对想要强调的内容使用它的补色也是配色的一种方法，如图 2-38 所示。

图 2-37

图 2-38

2．文本配色

比起图像或图形布局要素来说，文本配色就需要使文本具有更强的可读性和可识别性。所以文本的配色与背景的对比等问题就需要多费些心思。很显然，字的颜色和背景色有明显的差异，其可读性和可识别性就很强，这种情况主要使用明度的对比配色或者利用补色关系的配色。

使用灰色或白色等无彩色背景，文本的可读性高，和别的颜色也容易配合。但如果想使用一些比较个性的颜色，就要注意颜色的对比问题。多试验几种颜色，要努力寻找那些熟悉的、适合的颜色。另外，在文本背景下使用图像，如果使用对比度高的图像，那么文本的可识别性就会降低。这种情况下就要考虑降低图像的对比度，并使用只有颜色的背景，如图 2-39 所示。

3．文本配色的平衡

在网页配色中，最重要的莫过于整体的平衡。例如，为了强调标题使用对比强烈的图像或色彩，而正文过暗或过度使用补色作为强调色，就会分散用户的注意力，削弱网页的整体效果。这就是因为没有很好地考虑整体的平衡而出现的问题。

如果标题的背景使用较暗的颜色，用最容易引人注意的白色作为标题的颜色，正文也使用与之相同的白色；或者标题使用很大的字号，在很暗的背景中用白色作为扩张色压倒其他要素，这样画面就会互相冲突而显得很杂乱，如图 2-40 所示。

图 2-39

图 2-40

把网页的一部分反转，尽管其中的内容看起来很奇怪，但正常情况下色彩还是很均衡的。色彩调和非常好的网页即使全部反转过来，看起来还是会很调和。对网页配色设计来说，最重要的还是页面色彩间的调和与均衡，所以设计网页时，要仔细考虑色彩间的各种对比情况和一贯性，如图 2-41 所示。

统一的配色比较方便，给人一贯性的感觉，但是要注意可能产生的腻烦感。使用紫色和蓝色这样的相近色进行配色时，就要充分考虑利用明度差和饱和度差进行调和配色。红色和蓝色的配色可以互相形成对比，色彩强烈而又华丽，可以给人很强的动感。此外，利用明度差和饱和度差可以做出多种感觉的配色，如图 2-42 所示。

图 2-41

图 2-42

2.5.3　使用基本色配色

使用基本色配色是指在网站页面中只使用一种色彩或几种类似色彩进行配色，主体色也就是网站页面的代表色彩，使用基本色配色有利于用户记住网站的色彩形象。

图 2-43 所示的网站页面用绿色作为主色调，整个页面的配色基本上都围绕着绿色，并通过卡通的形式来表现网站内容；在页面中还搭配了强调色——橙色，使得页面的色彩鲜艳活泼，给人一种活泼、愉悦的感觉。

图 2-44 所示的网站页面使用像褪色的牛皮纸一样的卡其色作为主色调，给人一种自然、传统的感觉，再搭配上中国传统的皮影画和花纹效果，网站具有了中国特色和中国传统文化的气息，整个页面看起来具有历史感。

图 2-45 所示的网站页面应用咖啡色作为主色调，契合网站

图 2-43

的主题内容，很好地表现出巧克力给人的感觉——香浓、丝滑、温暖、甜蜜。

图 2-44

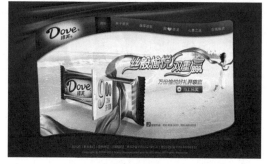

图 2-45

可以说，IBM 公司网站网页形象颜色的代名词就是"黑色＋蓝色"，如图 2-46 所示。一直以来，IBM 公司网站都是采用"黑色＋蓝色"为主色调，保持了网站色彩形象的连贯性，只不过早期网站中蓝色的饱和度比较高，而现在网站中蓝色的饱和度比较低。网站色彩设计中没有变化的是一直使用黄色作为强调色。

图 2-47 所示的网页结构非常简单，并且运用强烈的无彩色——黑色作为背景色，使用明亮的黄色作为强调色，整个页面简洁、大方，能够给人强烈的视觉冲击。

图 2-46

图 2-47

2.5.4　使用多色彩配色

在网站页面中应用多种色彩进行搭配，可以表现出绚丽多彩的色彩图像。多种色彩搭配的色彩设计给人一种华丽的感觉，能够给用户留下深刻的印象。

图 2-48 所示的网站页面以绿色为主色调，在页面的配色中应用了多种饱和度较高的色彩，营造出一种欢快、愉悦的氛围。这也是活动类网站常用的表现方法。

可口可乐旗下的相关网站一直都是以红色和灰色作为网站配色的主色调，图 2-49 所示的网站页面也不例外，在页面中还搭配了多种饱和度较高的色彩，营造出欢快、畅快的氛围，给人愉悦的感觉。

图 2-50 所示的游戏活动页面以能让人感到愉悦的橙黄色为主色调，搭配绿色、红色、蓝色、紫色等，应用的配色的饱和度都很高，整个页面给人强烈的视觉冲击。

图 2-48

图 2-49

图 2-50

图 2-51 所示的页面是一个汽车网站的活动页面，运用饱和度较低的粉色、淡黄色作为页面背景色调，搭配饱和度较高的蓝色、绿色、紫色等突出需要表现的内容，能够给人一种开心、快乐的感受。

图 2-52 所示的网站是一个面向年轻人的时尚服饰品牌网站，运用了明度和饱和度较高的色彩进行搭配，体现出时尚、年轻、活力，也正好与品牌形象相契合。

图 2-51

图 2-52

2.6　课堂提问

尽管对色彩的理论有了一定的了解，但是在实际进行配色时，难免会碰到一些问题，总觉得少了些什么。

2.6.1 在进行网页配色时，需要注意什么

第一，必须了解有关色彩与配色的基础知识。

- 色彩的三大属性：色相、明度、饱和度。
- 色彩与色相环。
- 色彩的功能，如色彩的联想、色彩的心理感觉等。

第二，在配色前，必须先考虑以下内容。

- 针对的对象以及目的。
- 商品的形象。
- 所需要表达的含义与功能。

第三，确定应用网页配色要领。

- 先决定主要的色调，如代表温暖、清凉、华丽、朴实的色调。
- 依照色调选择一个主要的颜色。
- 思考主要颜色应用在网页中的哪些位置比较合适，以营造出最佳的视觉效果。
- 在主要色调中，再选择第二、第三、第四……辅助色彩。
- 在选择辅助色彩时，需要注意颜色的明暗、对比、均衡关系；在与主色调相互配合使用时，同时需要考虑其面积大小的分配。

在配色过程中，最好能思考色彩间的关系，同时使用色相环作为对照工具，以确定大致的色彩，之后再依照个人的美感经验进行微调即可，如图 2-53 所示。

图 2-53

在配色时，个人的美感与喜好固然重要，但也可以尝试不同的配色领域，或者使用没有特别喜好的色彩，这样才能够突破习惯与传统，多创造一些新的色彩视觉效果。

2.6.2 怎样培养对色彩的敏感度

能够对色彩运用自如，不只靠敏锐的审美，即使没有任何美术功底，只要做到常收集、记录，一样能够拥有敏锐的色彩感。

首先，可以尽量多地收集生活中喜欢的色彩，无论这些色彩是数码的、平面的、立体的还是各式各样材质的，并将所收集的素材依照红、橙、黄、绿、蓝、靛、紫、黑、白、灰、金及银等不同的色系分门别类地归档。这是最好的色彩资料库，以后在需要进行配色时，就可以从色彩资料库中找到适合的色彩与质感。

其次，要训练自己对色彩明暗的敏感度，色相的协调虽然也很重要，但要是没有明暗度的差异，配色效果也会不美观。在收集色彩素材时，可以同时注意一下它的亮度，或者制作从白色到黑色的亮度标尺，记录

该素材最接近的亮度值。

用以上的两种方法来训练，日积月累，对色彩的敏锐度就会越来越强。

2.6.3　使用了成功案例的配色，却感觉怪怪的

理论上好的配色原则，在实际应用时，或多或少都会有不满意的情况出现，这是很正常的。即使选择使用极具美感的配色色谱，并且也符合配色的理论，也有可能感觉效果并没有预期的那么好，这就是因为忽略了色彩需要灵活运用的原则。

配色除了需要重视原则以外，与色相、面积比例、线条、材质、图片等相关的多种配置方法也会影响到最终效果。所以，除了运用理论、模仿和学习以外，还要活用色彩，这就需要多观摩、实际应用、不断训练，开阔自己在色彩后面的视野。因为，即使理论原则讲得再详细，也不如自己实际操作一次效果好。

2.7　本章小结

本章针对网站 UI 设计中的色彩搭配进行了讲解，分别针对色彩的基本知识、网页的色彩搭配进行了讲解，并针对色彩在不同类型网站中的应用进行了分析，同时也对网页色彩中的编排设计进行了介绍，可以帮助读者快速理解并应用色彩设计出符合大众审美的作品。

第 3 章 网站 UI 设计的版式与布局

　　网页的版式和布局有一些约定俗成的标准和固定的套路，对读者来说，了解一些比较常用的网页版式和布局方式，可以大大降低工作的难度。本章将针对网站 UI 设计中的版式和布局进行讲解。

3.1　常见的网页布局方式

　　常见的网页布局方式主要有"国"字型布局、拐角型布局、标题正文型布局、左右框架型布局、上下框架型布局、封面型布局和变化型布局。

3.1.1　"国"字型布局

　　"国"字型布局网页通常会在页面最上面放置 Logo、导航和横幅广告条，下面是网站的主体内容（分为左、中、右三大块），页面底部是网站的一些基本信息、联系方式和版权声明等，如图 3-1 所示。
　　一些大型网站通常会采用这种结构罗列大量的信息和产品，实际应用效果示例如图 3-2 所示。

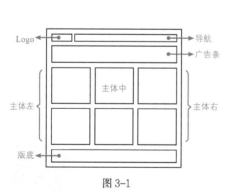

图 3-1

图 3-2

3.1.2　拐角型布局

　　拐角型布局与"国"字型布局实际上很接近，只是在形式上略有区别，页面上方同样是 Logo、导航和广告条；页面中间部分左侧是一列略窄的菜单或链接，右侧是比较宽的主体部分；页面底部也是一些网站的辅助信息和版权信息等内容，如图 3-3 所示。
　　拐角型布局也是比较常用的布局方式，实际应用效果示例如图 3-4 所示。

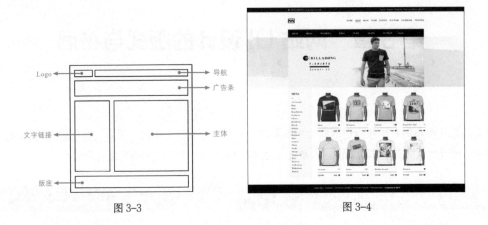

图 3-3   图 3-4

3.1.3　标题正文型布局

标题正文型布局方式更像是杂志的排版方式，页面最上方是标题或一些类似的元素，中间是正文部分，最下面是一些版底信息，如图 3-5 所示。

常用的搜索引擎类网站和注册页面基本采用这种布局方式。

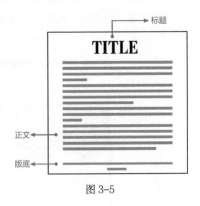

图 3-5

3.1.4　左右框架型布局

左右框架型布局的页面通常会在左侧放置一列文字链接，最上面是导航，有时最上面还会有标题或 Logo，页面的右侧则是正文或主体部分，如图 3-6 所示。大部分论坛都采用这种布局方式，具体应用效果示例如图 3-7 所示。

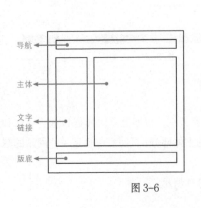

图 3-6

图 3-7

3.1.5　上下框架型布局

上下框架型布局与左右框架型结构类似，区别仅限于上下框架型布局页面的文字链接在上方，正文和主体部分在下方。

3.1.6　封面型布局

封面型布局的页面往往会直接使用一些极具设计感的图像或动画作为网页背景，然后添加一个简单的"进入"按钮就是全部内容了。这种布局方式十分开放自由，如果运用得恰到好处，会给用户带来赏心悦目的感觉，具体应用效果示例如图 3-8 所示。

图 3-8

3.1.7　变化型布局

变化型布局是指同时使用上述几种布局方式，或不同布局的变形。

图 3-9 所示的页面视觉效果很接近左右框架型布局的变化形式，但实际上采用的却是上下框架型布局。

> **提示**
>
> 一般来说，一些内容丰富多样的大型网站会将几种常用的布局方式结合使用，以防止版面过于规则和刻板。

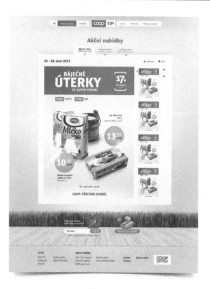

图 3-9

3.2 文字在网页中的作用

文字和图像是网页中最主要、最基本的两大元素。就信息传递的效果而言，图片虽然更利于吸引注意力，却容易引发歧义，而文字不会存在这种问题。总体而言，文字在页面中的作用主要体现在明确性、易读性和美观性 3 个方面。

3.2.1 明确性

文字是由特定的点、横竖和圆弧组合而成的，是不可变的。比起图像来说，文字传达信息的效果更具有明确性和固定性。所以人们很喜欢采用图文结合的方式来传达各种信息，先使用图像引起用户感官上的注意，再配合文字清晰而明确地传达想要表达的含义和信息，如图 3-10 所示。

图 3-10

3.2.2 易读性

文字的合理编排设计可以大大提高页面的易读性。一般来说，一些过粗、过细或者字形结构过于模糊的文字，用户需要花更多的时间去辨认，这在无形中降低了页面的可读性。此外，为文字选用与背景色反差较大的颜色也可以增强文字的易读性，如图 3-11 所示。

图 3-11

3.2.3 美观性

网页设计师们会精心制作页面中存在的每个元素，文字就是最好的例子。很多设计者都乐此不疲地使用点、线条、色块甚至图像来装饰标题文字，力求使它看起来更酷，有些网页上的文字特效之精美令人赞叹不已，如图 3-12 所示。

图 3-12

3.3　网页文字的设计原则

合理编排与设计网页中的文字，不仅有助于准确传达主题信息，还能起到很好的美化版面的效果。对网页中的文字进行设计时，应该遵循可读性和艺术化两条原则。

3.3.1　可读性

文字在网页中的主要作用是有效传达设计者的意图和相关的信息，因此保证其可读性是文字设计时首先要达到的目标。通常可以通过控制字符串的 3 个属性来调整文字的可读性，这 3 个属性分别为字体、字号和行距。

1．字体

字体的选择对任何形式的设计来说都是一门大学问。对网页中的正文来说，为了使大篇幅的文字更易于辨认和阅读，同时能够在所有用户的计算机上正常显示，一律使用黑体、宋体或楷体等常见字体。

2．字号

字号决定了文字的大小。对中文网页而言，页面正文文本字号通常为 12 点，导航或小标题一类的文本字号允许放大到 14 点~16 点，如图 3-13 所示。

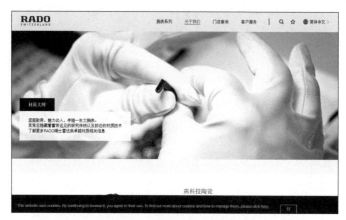

图 3-13

3．行距

行距的变化不仅会对文本的可读性产生影响，还会对整体的版面效果产生很大的影响。一般来说，正文的行距应该接近字体尺寸。

3.3.2　艺术化

文字已经在人们的意识中形成一种固定的认知，将文字艺术化会让文字有更多的表现形式。

网页中文字的编排是指将相关的文字在视觉上加以艺术化，使其在形式上与页面中的其他装饰性元素配合得更默契，进一步提高页面的美观度。一般可以通过图形化、意象化和重叠文字的方式将文字艺术化。

1．图形化

文字的图形化要求在不削弱原有功能的前提下，将其作为图像元素进行艺术化处理和加工，最大限度强化文字的美学效果。

这就要求设计者充分发挥想象力和创造力，将文字的笔画形态和走势与具象事物完美地融合在一起，制作成极具艺术美感和感染力的艺术文字，从而为页面增添亮点，如图 3-14 所示。

图 3-14

2．意象化

所谓的意象化是指将主观的"意"与客观的"象"相结合，从而使文字更富有表现力的一种艺术化处理方式。

例如，为了体现寒冷的感觉将文字制作成寒冰质感，这就是典型的意象化，如图 3-15 所示。再如，为了表现张扬、动感和活力将文字的首尾大幅延伸，并设计成流线型，这也属于意象化，如图 3-16 所示。

图 3-15

图 3-16

3．重叠文字

重叠文字也是一种不错的艺术化处理的方法。文字与文字，或文字与图片在经过重叠排放之后，往往能够产生奇妙的空间感和跳跃感，可强化页面的叙事性，从而使整个页面看起来内容更丰富、更耐人寻味，如图 3-17 所示。

图 3-17

提示

需要注意的是，使用重叠文字的方法可能会降低文字的可读性，所以要合理选用字体和颜色。

3.4　网页文字的排版方式

优秀的网页设计师总是将文字的编排和图片的处理放到同等重要的位置，仔细梳理和调整每一个微小的细节，可以使页面中的文字既能达到美观的视觉效果，又能快速有效地将相关的信息传达给用户。

3.4.1　文字排版规则

为了使文字的版式效果更符合页面的整体美观度，在设计排版时就需要精心设计，常用的文字排版手法有对比、统一与协调、平衡和视觉诱导。

1．对比

对比又分为大小对比、颜色对比、粗细对比、明暗对比、疏密对比、主从对比和综合对比。事实上，对比手法是文字排版中最常用的手法，前文反复强调的文本颜色要采用背景色的对比色，就是对比手法的体现。如图 3-18 所示。

2．统一与协调

虽然一再强调文字的对比性，但如果运用得过了头，也会造成版面的不协调，导致页面杂乱无章。

设计特别讲究统一与协调，在整体效果协调的前提下加大局部元素的对比，可以使画面效果美观协调又富有变化，文字排版也是如此，如图 3-19 所示。

图 3-18　　　　　　　　　　　　　　　　　　图 3-19

3．平衡

平衡是指合理安排页面中的各种元素，使整个版面从颜色上看起来是平衡的。事实上，大片雷同的文字极易引起版面失衡问题，这就要求设计者能够合理使用各种排版手法来打破平淡的布局。

图 3-20 所示的整个页面中的文字被放置得很分散，通过改变字体、字号、颜色和位置等方法增强了页面的跳跃感和趣味性。

另外，用色块和图片做点缀，也能对页面中各种颜色起到平衡作用。

4．视觉诱导

为了达到顺畅传达信息的目的，可以先使用户的视线接触到一部分文字，然后顺势诱导用户的视线按既定的顺序进行浏览，这就是视觉诱导。

视觉诱导可以通过线条的引导和图形的引导两种方式实现。图 3-21 所示为视觉诱导排版方式效果示例。

图 3-20   图 3-21

3.4.2 文字排版的常用手法

文字排版是一项非常重要的工作，合理巧妙地对文字进行布局和编排，不仅可以准确有效地向用户传递信息，还能使整个页面效果更加美观。有些网站甚至完全摒弃了图像，仅靠文字的编排和变化构建起整个网站。

1. 错落排列文字

将页面中的文字拆分成多个短小的篇幅，再错落排列在不同的位置，并对个别字符的大小和颜色进行改变，可以为页面带来更多的变化和跳跃感，从而增强页面的趣味性，更能吸引用户的注意力，如图 3-22 所示。

图 3-22

2. 分离排列文字

分离排列文字是指将属于同一文字群的字符单独分离出来进行排列。这是一种比较常见的文字编排手法。这种编排方式可以增强页面的整体性、美观性，营造活泼轻松的氛围，使网页整体效果更具时尚感和现代感，如图 3-23 所示。

图 3-23

3．以线或面的形式表现文字

如果要为页面增添更多的趣味性，可以尝试将大段的文字排列成各种形状。相信很多人都看到过由各种文字拼贴成的人脸，这种类型的设计作品看起来十分有趣，将它们运用到网页中也定能产生不错的效果，如图 3-24 所示。

图 3-24

4．控制页面的四角和对角线

页面的中心是最重要的位置，四角则是潜在的重要位置。如果页面的四角被文字或其他重要元素所占据，那么整个版面的范围就相当于被圈定，画面的结构就会显得很稳定。

将页面对角连接起来的就是对角线。如果在页面的四角或对角线安排文字，会在视觉上给用户以稳定、可靠的感觉，如图 3-25 所示。

图 3-25

3.5 根据内容决定页面布局

在布局页面时，每个元素的重要性不同，所采用的排列和布局方式也不同，考虑好不同内容的排列顺序是最重要的。如果要根据页面内容决定网页版式和布局，通常可以采用以下 4 种方式。

3.5.1　左侧的页面布局

左侧的页面布局是指页面中的内容居左排列。普通的 4 ∶ 3 屏幕的分辨率多为 1024px×768px，所以在制作网页时一般会确定页面的固定宽度为 1024px。长度可根据具体内容进行调整，如果长度大于 768px，则需要使用滚动条。

> **提示**
>
> 　　如果用户使用 16∶9 的宽屏来浏览网页，那么 1024px 宽度的页面将无法完全填满整个屏幕。此时左侧布局的页面将自动对右侧的像素进行平铺，直至填满整个屏幕。

　　图 3-26 所示的页面当用户使用宽屏浏览时，由于页面中部有一张大图，无法被平铺，所以只能将两侧的红色背景不断横向平铺以填满屏幕。

图 3-26

3.5.2　水平居中的页面布局

　　水平居中的页面布局是指页面中的内容居中排列，这是最常见的一种页面布局方式。采用水平居中的方式布局页面虽然很保险，但很容易导致版面显得呆板和单调，所以需要在求稳的基础上，在版块分割和装饰性元素上多花心思。

　　当用户使用宽屏浏览页面时，页面的左右两侧会被同时扩充，以填满屏幕，比较常用的方法是使用纯色、渐变色或图案，如图 3-27 所示。

图 3-27

3.5.3　水平和垂直居中的页面布局

　　水平和垂直居中的布局是指将页面的横向和纵向都设定为 100% 的布局方式，这类网页在任何分辨率的屏幕中都会绝对居中显示。

　　如果页面采用了整体性很强或者很独特的排版方式，任何细微的改动都可能会导致页面的美观度大幅下降，此时就需要使用这种方式布局页面，如图 3-28 所示。

图 3-28

3.5.4　满屏的页面布局

满屏的页面布局是指在搭建网站时不为页面中的各个部分设置固定的位置，而是采用相对的百分比来放置元素。这样在不同分辨率下，页面中的各个元素会自动调整显示的位置，页面总是满屏显示。

但是这种布局方式也存在一个缺点，如果屏幕分辨率发生变化，页面中的图像可能被缩放，无法保证图像的清晰度。解决这个问题的方法就是使用矢量图形和 HTML 5 动画来代替位图图像，如图 3-29 所示。

图 3-29

3.6　课堂提问

任何设计都讲究整体的协调一致性和局部的丰富多变性，网页设计中的连贯性不仅包括视觉上的一致性，还包括动态交互的连贯性。

3.6.1　在进行网站 UI 设计时，如何控制页面的连贯性和多样性

视觉上的连贯性是指通过对图文和其他多媒体元素的一系列编排，构建出网站整体一致的视觉效果。动态交互的连贯性是指提供在所有页面中都适用的 Logo、导航、菜单和具体内容等元素，可供用户浏览。

保持页面在视觉上的连贯性虽然有助于构建统一的企业形象，但过度追求一致性可能会导致页面过于单调和乏味。图 3-30 所示的页面布局方式非常固定，虽然整体的协调性和一致性体现得非常好，但是局部变化不足，作为首页来说吸引力不够。

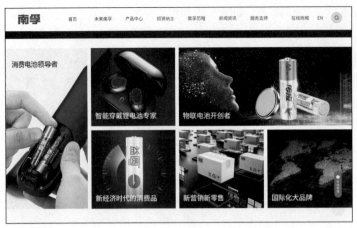

图 3-30

3.6.2 页面的分割方式对页面有哪些影响

页面的分割方式主要有横向分割、纵向分割和横向纵向复合分割 3 种。在着手制作网页之前，应该根据具体内容选用其中一种分割方式，大致确定页面的整体框架和结构，再为局部区域填充细节，以保证页面的整体性。

在网页设计时最好采用横向分割，因为横向分割页面的视觉效果更符合人们的阅读习惯。采用横向分割方式布局页面时，会将整个版面水平划分为几个区域，通常最上方是导航，紧接着是 Banner，页面中部为主体部分，最下方往往是版底信息，如图 3-31 所示。

纵向分割也是比较常用的一种页面分割方式。对页面进行纵向分割时，最常见的布局方式是在页面左侧放置一列导航或菜单，并使用醒目的颜色对其进行强调；页面的右侧通常会放置一些正文内容或各类信息，如图 3-32 所示。这种分割方式一般用于分类多、信息量大的网页，可以最大限度地强调导航和菜单，方便用户分类检索信息。

图 3-31   图 3-32

如果采用横向纵向复合分割方式，通常是以纵向分割为基础。例如，页面的左侧是一列菜单，右侧的正文部分采用横向分割的方式排列信息。时尚类网站非常适合这种布局方式，将照片、色块和说明文字交错排列，效果很特别，如图 3-33 所示。

图 3-33

3.7　本章小结

本章主要讲解了网页排版和布局方面的一些技巧，包括常见的网页布局方式、网页中文字的排版原则和编排手法、根据内容决定页面布局方式等知识。对于网页的布局和排版，只有在系统掌握了色彩和版式的关系后，再不断进行实战训练才能有所提高。

第 4 章　网站图片的优化与调整

图片在网站 UI 设计中占有很大的比重，图片是网页中的重要元素。为了获得最好的展示效果，将图片应用到网页之前，需要对其进行优化和调整，使其满足网站 UI 设计的基本要求；否则可能会出现图片加载时间过长的问题，影响用户体验。

4.1　网站中的图片

图片在网页设计中具有很重要的作用，图片的加入可以为网页带来更为直观的表现形式。在很多网页中，图片占据大部分页面甚至整个页面来吸引用户的眼球，激发用户的阅读兴趣。它给予用户的刺激要大于文字。合理恰当地运用图片，可以丰富页面，也可以生动直观地表现设计主题，如图 4-1 所示。

图 4-1

网页中的图片不仅有点缀与装饰整个版面的作用，而且承载着传达信息的重要使命，所以在设计图片内容时要注意其是否具有代表性。

不同的平台有不同的调色板，不同的浏览器也有自己的调色板。这就意味着对同一幅图来说，其显示的效果可能差别很大。遇到特定的颜色时，浏览器会尽量使用本身所用的调色板中最接近的颜色来替代，如果浏览器中没有可选的颜色，它就会通过抖动或者混合自身的颜色来尝试重新生成该颜色。

网页图片往往不要求具有很高的分辨率，标准分辨率为 72 像素 / 英寸。图片文件的大小影响着图片加载的速度，图片过大会导致图片加载缓慢，因此创建切片时，需对图片进行优化，以减小文件。

4.1.1　网站中使用的图片格式

适用于网站的图片格式主要有 5 种，分别为 GIF、JPEG、PNG-8、PNG-24 和 WBMP。

1. GIF

GIF 是一种位图图像文件格式，以 8 位色重现真彩色的图像。GIF 文件的数据采取基于 LZW 算法的连续色调的无损压缩，其压缩率一般在 50% 左右。GIF 文件的数据是经过压缩的，而且是采用了可变长度等压缩算法。GIF 格式的另一个特点是其在一个 GIF 文件中可以存多幅彩色图片，如果把存于一个文件中的多幅图片数据逐幅读出并显示到屏幕上，就可构成一种最简单的动画。

2．JPEG

JPEG 又叫联合图像专家组，其文件后缀名为 .jpg 或 .jpeg。是一种支持 8 位和 24 位色彩的压缩位图格式，适合在网络中传输，是当前非常流行的图片文件格式。

3．PNG-8

一张 PNG-8 图片最多只能展示 256 种颜色，所以该格式更适合那些颜色比较单一的图像，如纯色图像、Logo 和图标等。因为颜色数量少，所以这种格式图片的体积也会更小，如图 4-2 所示。

4．PNG-24

一张 PNG-24 图片可展示的颜色就远远多于 PNG-8 了，最多可展示的颜色数量达 1600 万种。所以 PNG-24 格式图片的颜色会更丰富，图片的清晰度也会更好，图片质量也会更高，当然图片文件也会相应增大，所以 PNG-24 格式比较适合颜色比较丰富的图片，如图 4-3 所示。

图 4-2

图 4-3

> **提示**
>
> 　PNG-8 和 PNG-24 的根本区别不是色位，而是存储方式。PNG-8 有 1 位的布尔透明通道（要么完全透明，要么完全不透明），PNG-24 则有 8 位的布尔透明通道（所谓的半透明）。

5．WBMP

WBMP 是一种移动计算机设备使用的标准图片格式。这种格式的图片适用于 WAP 网页。WBMP 支持 1 位颜色，即 WBMP 图片只包含黑色和白色像素，而且不能制作得过大，才能被 WAP 手机正确显示。

4.1.2　网站中图片的颜色模式

颜色模式是将某种颜色表现为数字形式的模型，或者说是一种记录图像颜色的方式，有 RGB 颜色模式、CMYK 颜色模式、HSB 颜色模式、Lab 颜色模式、位图模式、灰度模式、索引颜色模式、双色调模式和多通道模式。网页中全部采用 RGB 颜色模式。

由于网页是基于计算机浏览器开发的媒体，所以颜色以光学颜色红、绿、蓝（R、G、B）为主，如图 4-4 所示。在 RGB 颜色模式下处理图片较为方便，而且占用内存小，可以有效节省存储空间。

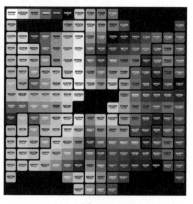

图 4-4

4.2 图章工具的使用

使用图章工具可以快速修复图像中的缺陷和瑕疵，或者为图片添加各种艺术效果。Photoshop 中的图章工具共有两种，包括仿制图章工具和图案图章工具。

4.2.1 仿制图章工具的应用

使用仿制图章工具可以将图片中的像素复制到其他图片中或同一图片的其他部分，可在同一图片的不同图层间进行复制，可以复制图像或覆盖图像中的缺陷。仿制图章工具的选项栏如图 4-5 所示，在该选项栏中用户可以设置"样本""对齐"等属性。

图 4-5

操作案例　去除图片中的水印

设计师在进行网页设计时，往往会通过不同渠道获取图像素材，而这些图像往往会存在一些瑕疵，其中水印是最为常见的一种瑕疵。这时，使用仿制图章工具就可以轻易除掉它，完成后的效果如图 4-6 所示。

图 4-6

使用到的工具	圆角矩形工具、仿制图章工具	扫码学习
视频地址	视频 \ 第 4 章 \ 去除图片中的水印效果 .mp4	
源文件地址	源文件 \ 第 4 章 \ 去除图片中的水印效果 .psd	

制作步骤

01 执行"文件 > 打开"命令，打开素材图像"素材 > 第 4 章 >52101.png"，如图 4-7 所示。选择"仿制图章工具"，按住 Alt 键单击图像中的相似区域进行取样，然后在图像中的水印部位进行涂抹，如图 4-8 所示。

 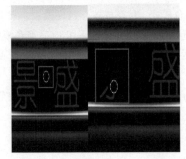

图 4-7　　　　　　　　　　　　　　　　　　　图 4-8

在使用仿制图章工具时要注意对细节的处理，根据涂抹位置的不同，"笔触"的大小也要变化；而且要在不同的位置取样，然后进行涂抹，这样才能保证最后效果与原始图像相融合。

02　在金属部分进行涂抹，如图 4-9 所示。使用相同的方法将水印全部去除，如图 4-10 所示。

图 4-9　　　　　　　　　　　　　　　　图 4-10

在使用仿制图章工具时，按] 键可以加大笔刷尺寸，按 [键可以减小笔刷尺寸，按组合键 Shift+] 可以增强笔触的硬度，按组合键 Shift+[可以减小笔触的硬度。

03　执行"文件 > 打开"命令，打开素材图像"素材 > 第 4 章 >52102.png"，如图 4-11 所示。选择"圆角矩形工具"，设置圆角的"半径"为"20 像素"，在画布中绘制图 4-12 所示的圆角矩形。

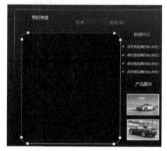

图 4-11　　　　　　　　　　　　　　　　图 4-12

04　将刚才修复好的图像拖曳到当前设计文档之中，适当调整其位置，如图 4-13 所示。执行"图层 > 创建剪贴蒙版"命令为图层创建剪贴蒙版，效果如图 4-14 所示。

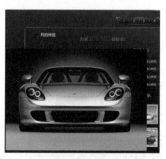

图 4-13　　　　　　　　　　　　　　　　图 4-14

4.2.2　图案图章工具的应用

使用图案图章工具时可以利用 Photoshop 提供的图案或自定义的图案进行绘画。图案图章工具的选项栏如图 4-15 所示。在该选项栏中可以设置"图案""对齐""印象派效果"等属性。

图 4-15

- 图案：单击该按钮可打开"图案拾色器"对话框，可以选择更多图案，如图 4-16 所示。
- 对齐：勾选该选项，在涂抹图案时可保持图案原始起点的连续性，即使多次单击涂抹都不会重新应用图案。
- 印象派效果：勾选该选项，可以为填充图案添加模糊效果，模拟出印象派效果；取消勾选该选项，绘制的图案将清晰可见，如图 4-17 所示。

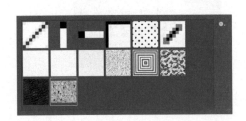

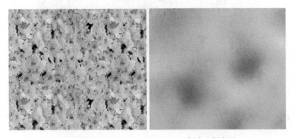

正常效果　　　　　　　印象派效果

图 4-16　　　　　　　　　图 4-17

4.3 修复网站中的图像

修复图像的工具有很多，除了可以使用仿制图章工具外，还可以使用污点修复画笔工具、修复画笔工具和修补工具等，使用这些工具可以轻松地去除图像中的污点或修复图像中的瑕疵。

4.3.1 污点修复画笔工具

污点修复画笔工具的作用是快速去除图像中的污点、划痕和其他不理想的部分。它可以使用图像或图案中的样本像素进行绘画，并将样本像素的纹理、光照、透明度和阴影与所修复的像素相匹配，还可以自动从所修饰区域的周围取样。污点修复画笔工具的选项栏如图 4-18 所示。

图 4-18

操作案例　修复图像瑕疵

在进行网页设计时，获取的图像素材可能会有瑕疵，尤其是人物脸上的斑点。这时，使用污点修复画笔工具就可以轻松解决这个问题，如图 4-19 所示。

图 4-19

使用到的工具	矩形工具、污点修复画笔工具、椭圆工具、横排文字工具	扫码学习
视频地址	视频\第4章\修复图像瑕疵.mp4	
源文件地址	源文件\第4章\修复图像瑕疵.psd	

制作步骤

01 执行"文件>打开"命令，打开素材图像"素材>第4章>53101.png"，如图4-20所示。选择"污点修复画笔工具"，直接单击需要修复的部位即可将其修复，如图4-21所示。

图 4-20　　　　　　　　　　　图 4-21

02 执行"文件>打开"命令，打开素材图像"素材>第4章>53102.png"，如图4-22所示。选择"矩形工具"，在画布中绘制图4-23所示的矩形。

图 4-22　　　　　　　　　　　图 4-23

03 将刚修改好的素材拖曳至设计文档中，并适当调整其大小和位置，如图4-24所示。执行"图层>创建剪贴蒙版"命令，为图层创建剪贴蒙版，如图4-25所示。

图 4-24　　　　　　　　　　　图 4-25

04 选择"椭圆工具"，按住 Shift 键在画布中绘制黑色圆形，如图 4-26 所示。选择"横排文字工具"，在图形中输入图 4-27 所示的符号，并移动到合适的位置。

图 4-26　　　　　　　　　　　　　　　图 4-27

05 将相关图层编组，重命名组为"翻页"，如图 4-28 所示。单击"图层"面板底部的"添加图层样式"按钮，弹出"图层样式"对话框，在左侧窗格中选择"投影"选项，在右侧窗格中设置图 4-29 所示的参数。

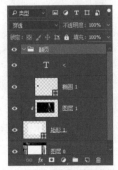

图 4-28　　　　　　　　　　　　　　　图 4-29

06 复制"翻页"图层组得到"翻页 拷贝"图层组，如图 4-30 所示。移动图像到相应位置，完成后的效果如图 4-31 所示。

图 4-30　　　　　　　　　　　　　　　图 4-31

4.3.2　修复画笔工具

修复画笔工具与仿制图章工具的工作原理相同，也是利用图像或图案中的样本像素来绘画。但该工具可以从被修饰区域的周围取样，使用图像或图案中的样本像素进行绘画，并将样本的纹理、光照、透明度和阴影等与所修复的像素匹配，从而去除图片中的污点和划痕，修复后不会留下人工修复的痕迹。修复画笔工具的选项栏如图 4-32 所示。

图 4-32

- 取样：可以在图像的像素上取样。
- 图案：可以在"图案"下拉列表中选择图案作为样本。

4.3.3　修补工具

修补工具可以用其他区域或图案中的像素来修复选中的区域。它与修复画笔工具的工作原理相同，但修补工具需要用选区来定位修补范围。修补工具的选项栏如图 4-33 所示。

图 4-33

- 选区创建方式：用来设置选区的范围，与创建选区的用法一致。
- 修补：用来设置修补的方式，包括"正常"和"内容识别"两种方式。
- 源：选择该项，将选区拖曳到要修补的区域，即可修补原来的区域。
- 目标：选择该项，将选区拖曳到其他区域，可以将原区域内的图像复制到该区域。
- 透明：勾选该选项，可使修补区域与原图像产生透明的叠加效果。
- 使用图案：在下拉列表中选择一个图案后，单击该按钮，可以使用选择的图案修补选区内的图像。

4.3.4　内容感知移动工具

内容感知移动工具可以移动图像中某区域像素的位置，并在原像素区域中自动填充周围的图像。选择"内容感知移动工具"，可以在图 4-34 所示的选项栏中进行相应的设置。

图 4-34

- 模式：该下拉列表中包含两个选项，分别为"移动"和"扩展"。

移动：在图像中创建将要移动的选区后，移动选区的位置，移动前后如图 4-35 所示。

图 4-35

扩展：移动选区中的图像，原来选区内的图像不会改变，移动前后如图 4-36 所示。

图 4-36

4.4 自动调整图像色彩

"自动调整"命令可以对图像颜色进行自动调整，包括自动色调、自动对比度和自动颜色等。

4.4.1 自动色调

执行"图像 > 自动色调"命令，可以自动调整图像的色调，适合校正不够亮丽的图像。执行该命令后，图像中最深的颜色会被调整为黑色，最浅的颜色被调整为白色，然后再重新分布其他颜色的像素，即可大幅提高图像的对比度，如图 4-37 所示。

原图 自动色调

图 4-37

4.4.2 自动对比度

"自动对比度"命令可以自动调整图像的对比度，使图像中暗的地方更暗，亮的地方更亮。该命令通常用于对一些颜色没有明显对比的图像进行校准，如图 4-38 所示。

原图 自动对比度

图 4-38

> **提示**
>
> "自动对比度"命令只能调整对比度，不能单独调整颜色通道，所以色调不会改变；可以提高彩色图像的对比度，但无法消除图像中的偏色现象。

4.4.3 自动颜色

当图片素材出现偏色的现象时，执行"自动颜色"命令，可以自动调整图像的对比度和色彩，使偏色的图像得到校正。图像应用"自动颜色"命令的前后效果对比如图 4-39 所示。

原图　　　　　　　　　　　　　　自动颜色

图 4-39

4.5　手动调整图像色彩

"调整"命令用于对图像的基本色调进行调整,主要包含"亮度/对比度""色阶""曲线""自然饱和度""色相/饱和度"和"阴影/高光"等命令。使用这些命令可以调整出个性的色彩,使图像更具有表现力。

4.5.1　亮度/对比度

执行"亮度/对比度"命令,打开"亮度/对比度"对话框,可拖动相应滑块来调整亮度与对比度,也可以在文本框内输入数值来调整图像的亮度和对比度,如图 4-40 所示。

原图　　　　　　　　　　　　　　调整亮度/对比度

图 4-40

操作案例　调整网页中图像的亮度

在进行网页设计时,获取的图像素材可能会存在图像偏暗的情况,尤其是需要突出的图片,高亮度是非常重要的。这时,使用"亮度/对比度"命令就可以轻易解决这个问题,效果如图 4-41 所示。

图 4-41

使用到的工具	多边形工具、亮度 / 对比度命令、横排文字工具	扫码学习
视频地址	视频 \ 第 4 章 \ 调整网页中图像亮度 .mp4	
源文件地址	源文件 \ 第 4 章 \ 调整网页中图像亮度 .psd	

制作步骤

01 执行"文件 > 打开"命令，打开素材图像"素材 > 第 4 章 >55101.png"，如图 4-42 所示。

图 4-42

02 选择"多边形工具"，在画布中绘制任意颜色的六边形，如图 4-43 所示。单击"图层"面板底部的"添加图层样式"按钮，弹出"图层样式"对话框，在左侧窗格中选择"颜色叠加"选项，在右侧窗格中设置参数，如图 4-44 所示。

图 4-43

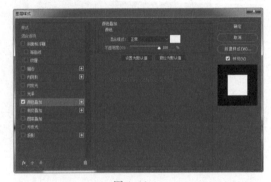

图 4-44

03 设置图层的"不透明度"为"60%"，效果如图 4-45 所示。用相同方法完成相似内容的绘制，完成后的效果如图 4-46 所示。

图 4-45

图 4-46

04 选择"多边形工具"，在画布中绘制任意颜色的六边形，如图 4-47 所示。用相同方法完成相似内容的绘制，完成后的效果如图 4-48 所示。

图 4-47　　　　　　　　　　　　　　　图 4-48

05　执行"文件 > 打开"命令，打开素材图像"素材 > 第 4 章 >55102.png"，如图 4-49 所示。执行"图像 > 调整 > 亮度 / 对比度"命令，打开"亮度 / 对比度"对话框，参数设置如图 4-50 所示。

图 4-49　　　　　　　　　　　　　　　图 4-50

06　将刚修改好的素材图像拖曳到设计文档中，再适当调整图像的位置和大小，如图 4-51 所示。执行"图层 > 创建剪贴蒙版"命令为图层创建剪贴蒙版，此时的"图层"面板如图 4-52 所示。

图 4-51　　　　　　　　　　　　　　　图 4-52

07　用相同方法完成相似内容的制作，完成后的效果如图 4-53 所示，此时的"图层"面板如图 4-54 所示。

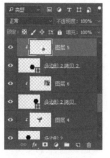

图 4-53　　　　　　　　　　　　　　　图 4-54

08　选择"横排文字工具"，设置图 4-55 所示的参数，在画布中输入图 4-56 所示的文字。

图 4-55

图 4-56

09 用相同的方式，使用文本工具在页面中添加文本内容，完成后的效果如图 4-57 所示。

图 4-57

4.5.2 色阶

图像的色彩丰满度和精细度是由色阶决定的，色阶是表示图像亮度强弱的指数标准，也就是常说的色彩指数。执行"图像 > 调整 > 色阶"命令，打开"色阶"对话框，对直方图进行调整即可，如图 4-58 所示。

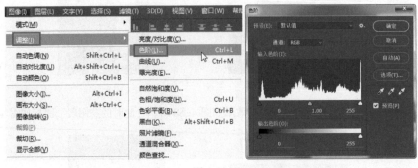

图 4-58

- 输入色阶：可拖动滑块来调整图像的阴影、中间调和高光，也可在滑块下方的文本框中输入相应的数值进行调整。
- 输出色阶：可拖动滑块来限定图像的亮度范围，同样也可在滑块下方的文本框中输入数值来调整图像的亮度。
- 自动：可以单击该按钮快速进行颜色自动校正，使图像的亮度分布得更加均匀。
- 设置黑场：使用该工具单击图像，单击点的像素会变为黑色，而且比单击点像素暗的像素也会变为黑色。
- 设置灰场：使用该工具单击图像，可根据单击点的亮度来调整其他中间点的平均亮度。

- 设置白场：使用该工具单击图像，单击点的像素会变为白色，而且比单击点亮度值大的像素也会变为白色，如图 4-59 所示。

原图　　　　　　　　　设置黑场　　　　　　　　　设置白场

图 4-59

4.5.3　曲线

曲线也是用于调整图像色彩与色调的工具，它允许在图像的整个色调范围内最多调整 16 个点。在所有的调整工具中，曲线可以提供最为精确的调整结果。在 Photoshop 中，用户可以通过执行"图像 > 调整 > 曲线"命令，打开"曲线"对话框进行相关调整，如图 4-60 所示。

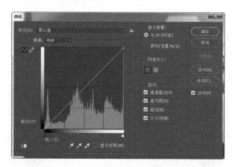

图 4-60

操作案例　执行"曲线"命令调整图像

在进行网页设计时，获取的图像素材可能会存在部分内容过暗或过亮的问题，整体调整无法达到理想的效果。这时，执行"曲线"命令就可以轻易解决问题，调整前后的对比效果如图 4-61 所示。

图 4-61

使用到的工具	钢笔工具、曲线命令、渐变工具、横排文字工具	扫码学习
视频地址	视频 \ 第 4 章 \ 执行"曲线"命令调整图像 .mp4	
源文件地址	源文件 \ 第 4 章 \ 执行"曲线"命令调整图像 .psd	

制作步骤

01 执行"文件 > 新建"命令，在打开的对话框中设置参数，如图 4-62 所示。执行"文件 > 打开"命令，打开素材图像"素材 > 第 4 章 >55301.png"，如图 4-63 所示。

图 4-62   图 4-63

02 选择"钢笔工具"，更改路径操作为"形状"，在画布中绘制图 4-64 所示的形状。执行"文件 > 打开"命令，打开素材图像"素材 > 第 4 章 >55302.png"，如图 4-65 所示。

图 4-64   图 4-65

> **提示**
>
> 此处明显可以看出图像偏暗，因此将阴影部分的曲线向上调节，将图像中的黑色区域加亮，还原图像本身的色彩。

03 执行"图像 > 调整 > 曲线"命令，打开"曲线"对话框，设置参数如图 4-66 所示。单击"确定"按钮，完成图像的调整，效果如图 4-67 所示。

> **提示**
>
> 在"曲线"对话框中有两个渐变颜色条，水平的渐变颜色条为输入色阶，它代表了原始值的强度；垂直的渐变颜色条为输出色阶，它代表了调整后的像素强度值。

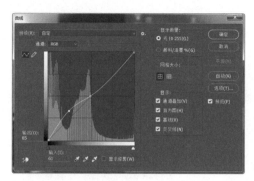
图 4-66

图 4-67

04　将调整好的图像拖曳至设计文档中，并适当调整其位置和大小，效果如图 4-68 所示。执行"图层 > 创建剪贴蒙版"命令，为图层创建剪贴蒙版，效果如图 4-69 所示。

图 4-68

图 4-69

05　执行"文件 > 打开"命令，打开素材图像"素材 > 第 4 章 >55303.png"，如图 4-70 所示。新建"图层 4"图层，选择"渐变工具"，在画布中绘制图 4-71 所示的径向渐变。

图 4-70

图 4-71

06　选择"横排文字工具"，设置参数如图 4-72 所示，在画布中相应位置输入图 4-73 所示的文字。

图 4-72

图 4-73

07 单击"图层"面板底部的"添加图层样式"按钮，弹出"图层样式"对话框，在左侧窗格中选择"外发光"选项，在右侧窗格中设置参数，如图 4-74 所示。单击"确定"按钮完成图层样式的设置，效果如图 4-75 所示。

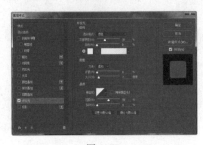

图 4-74　　　　　　　　　　　　　　图 4-75

08 用相同的方法完成其他文字的输入，并设置相应的图层样式，完成后的效果如图 4-76 所示，此时的"图层"面板如图 4-77 所示。

图 4-76　　　　　　　　　　　　　　图 4-77

4.5.4　自然饱和度

执行"自然饱和度"命令可以调整图像色彩的饱和度，它的优点是在增加饱和度的同时，可以防止过度饱和导致的溢色。执行该命令后，会弹出"自然饱和度"对话框，在其中进行相应的设置即可，如图 4-78 所示。

图 4-78

- 自然饱和度：拖动该选项的滑块时，可以更多地调整图像中不饱和的颜色区域，并在颜色接近完全饱和时避免颜色的溢出。
- 饱和度：在拖动该选项的滑块时，可以将图像中的所有颜色调整为相同的饱和度。

提示

使用"自然饱和度"命令调整人物图像时，要注意调整后的人物应呈现自然的色彩，防止肤色过度饱和。

操作案例 制作炫彩展示图

在进行网页设计时，要想在网页中突出某种色彩，或是加重色彩效果，需要使用"自然饱和度"命令。该案例将通过该命令加重图像中橘色的效果，使图像更加出彩，如图 4-79 所示。

图 4-79

使用到的工具	圆角矩形工具、自动饱和度命令、横排文字工具、矩形工具	扫码学习
视频地址	视频 \ 第 4 章 \ 制作炫彩展示图 .mp4	
源文件地址	源文件 \ 第 4 章 \ 制作炫彩展示图 .psd	

制作步骤

01 执行"文件 > 新建"命令，在打开的对话框中设置参数，如图 4-80 所示。执行"文件 > 打开"命令，打开素材图像"素材 > 第 4 章 >55401.png"，如图 4-81 所示。

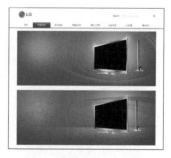

图 4-80 图 4-81

02 选择"圆角矩形工具"，设置圆角的"半径"为"3 像素"，在画布中绘制任意颜色的圆角矩形，如图 4-82 所示。单击"图层"面板底部的"添加图层样式"按钮，弹出"图层样式"对话框，在左侧窗格中选择"渐变叠加"选项，在右侧窗格中设置参数，如图 4-83 所示。

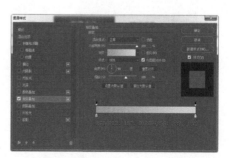

图 4-82 图 4-83

03 在左侧窗格中选择"投影"选项，在右侧窗格中设置参数，如图 4-84 所示。单击"确定"按钮，效果如图 4-85 所示。

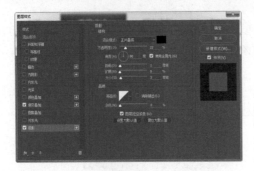

图 4-84 图 4-85

04 选择"横排文字工具"，设置参数如图 4-86 所示，在画布中输入图 4-87 所示的文字。

图 4-86 图 4-87

05 用相同的方法完成相似内容的制作，效果如图 4-88 所示。将相关图层编组，重命名组为"文字 1"，此时的"图层"面板如图 4-89 所示。

图 4-88 图 4-89

06 使用相同的方法完成"文字 2"图层组的制作，效果如图 4-90 所示，此时的"图层"面板如图 4-91 所示。

图 4-90 图 4-91

07 选择"矩形工具",在画布中绘制任意颜色的圆角矩形,如图 4-92 所示。执行"编辑 > 变换路径 > 扭曲"命令调整图形,效果如图 4-93 所示。

图 4-92

图 4-93

08 执行"文件 > 打开"命令,打开素材图像"素材 > 第 4 章 > 55402.png",将素材图像拖曳至设计文档中,并适当调整其大小和位置,效果如图 4-94 所示。执行"编辑 > 变换 > 透视"命令,调整图像至图 4-95 所示的效果。

图 4-94

图 4-95

09 执行"图层 > 创建剪贴蒙版"命令,为图层创建剪贴蒙版,图像效果如图 4-96 所示。单击"图层"面板底部的"创建新的填充或调整图层"按钮,在弹出的菜单中选择"自然饱和度"命令,设置参数如图 4-97 所示。

图 4-96

图 4-97

10 完成设置后,图像效果如图 4-98 所示。用相同方法完成相似内容的制作,最终效果如图 4-99 所示。

图 4-98

图 4-99

> **提示**
> 由于本案例中的电视框架是侧面放置的状态，为了保证图像的真实效果，所以执行"编辑 > 变换 > 透视"命令调整图像，使图像更加贴合电视框架。

4.5.5 色相 / 饱和度

"色相 / 饱和度"命令可以调整图像中特定颜色范围的色相、饱和度和亮度，或者同时调整图像中的所有颜色。该命令尤其适用于微调 CMYK 图像的颜色，以使它们处在输出设备的色域内。执行"图像 > 调整 > 色相 / 饱和度"命令，可在弹出的"色相 / 饱和度"对话框中设置相关参数，如图 4-100 所示。

图 4-100

> **提示**
> 在"色相 / 饱和度"对话框中勾选"着色"选项后，无法使用图像调整工具在图像上拖曳调整图像；在"全图"编辑模式下，无法使用吸管工具在图像中单击定义颜色范围。

4.5.6 阴影 / 高光

"阴影 / 高光"命令不是简单地使图像变亮或变暗，而是能够基于阴影或高光中的局部相邻像素来校正每个像素。调整阴影区域时对高光区域的影响很小，调整高光区域时对阴影区域的影响很小，如图 4-101 所示。

图 4-101

> **提示**
> 单击"存储默认值"按钮，可以将当前的参数设置存储为预设，下次打开该对话框时会自动显示该参数设置。按住 Shift 键，该按钮会变为"复位默认值"按钮，单击该按钮后，参数即恢复为默认设置。

> **提示**
>
> 　　"阴影/高光"对话框中的"修剪黑色"与"修剪白色"项可以将图像中的阴影和高光剪切为新的纯黑色阴影和纯白色高光，该值越高，图像的对比度越强。

4.6　填充和调整图层

　　填充图层可为图像快速添加纯色、渐变色和图案，并自动建立新的填充图层，可以反复编辑或删除它，不会影响原始图像。调整图层可将颜色和色调调整后再应用于图像，使用填充图层和调整图层不会对图像产生实质性的破坏。

4.6.1　纯色填充图层

　　纯色填充图层是在所选图层上方建立的新的颜色填充图层，该图层不会影响其他图层。单击"图层"面板下方的"创建新的填充或调整图层"按钮，在弹出的菜单中选择"纯色"命令，弹出"拾色器"对话框，选择颜色后，即可在"图层"面板中生成填充图层，如图 4-102 所示。

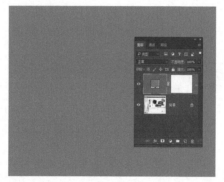

图 4-102

4.6.2　渐变填充图层

　　渐变填充图层与纯色填充图层的用法相似，渐变填充也会自动建立一个渐变色图层，并且可以对渐变的颜色、角度、不透明度和缩放等选项进行反复设置，如图 4-103 所示。

图 4-103

4.6.3　图案填充图层

　　图案填充图层可以为图像添加图案或纹理。Photoshop 提供了大量的图案，用户也可以自定义图案，并且通过"图层"面板中的"混合模式"与"不透明度"等选项来调整图案的填充效果，如图 4-104 所示。

图 4-104

"批处理"命令是指将指定的动作应用于所有目标文件，从而实现图像处理的自动化，可以简化对图像的处理流程。执行"文件 > 自动 > 批处理"命令，弹出"批处理"对话框，如图 4-105 所示。

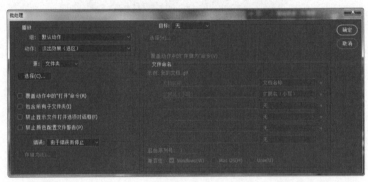

图 4-105

- 播放：用来设置播放的组和动作组。
- 源：在该下拉列表中可以选择需要进行批处理的文件的来源，可以是"文件夹""导入""打开文件夹"或"Bridge"。
- 目标：用来指定文件要存储的位置，在该下拉列表中可选择"无"、"存储并关闭"或"文件夹"来设置文件的存储方式。

4.7.1　动作

执行"窗口 > 动作"命令，打开"动作"面板，如图 4-106 所示。该面板可以记录、播放、编辑和删除各个动作。选择一个动作后，单击"播放选定动作"按钮，即可播放该动作。

"停止播放 / 记录"按钮：如果记录命令前显示该标志，表示执行动作过程中会暂停，并打开相应的对话框，这时可修改记录命令的参数，单击"确定"按钮后才能继续执行后面的动作。

- "开始记录"按钮：用于创建一个新的动作，处于记录状态时，该按钮为红色。
- "播放选定动作"按钮：选择一个动作，单击该按钮可播放该动作。

图 4-106

4.7.2　自定义动作

要创建动作，首先要新建一个动作组。单击"创建新组"按钮，弹出"新建组"对话框，在"名称"文本框中输入动作组的名称，单击"确定"按钮即可。

单击"创建新动作"按钮，弹出"新建动作"对话框，在该对话框中进行相应的设置，然后单击"记录"按钮，即可开始录制，如图 4-107 所示。

图 4-107

4.8　课堂提问

本章主要讲解了网页设计中对素材图像进行优化调整的相关知识，通过学习，相信读者对网页图像的调整有了一定的了解和掌握。在设计网页时，如果遇到图片效果不理想的情况，可以先对图像进行处理，再进行页面的设计。

4.8.1　如何提高图像清晰度

很多情况下，网页设计中的素材图像达不到需要的清晰度，因此，在使用素材图像之前，需要对图像进行处理。锐化工具可以对图像进行锐化处理，通过增强像素间的对比度，提高图像的清晰度。

选择"锐化工具"，先在选项栏中进行相应设置，然后在图像中涂抹即可，如图 4-108 所示。

原图　　　　　　　　　　　　锐化后

图 4-108

> **提示**
>
> 执行"滤镜 > 锐化"命令，在"锐化"子菜单中包含了几种滤镜，选择相应命令能使图像变得清晰。

4.8.2　如何快速处理扫描图像

若要处理扫描图像，需执行"文件 > 自动 > 裁剪并拉直照片"命令进行裁剪操作，Photoshop 会自动将每张照片裁剪成单独的文件，十分便捷。

4.9　本章小结

本章主要介绍如何使用 Photoshop 对网页图像进行修饰与修补，帮助读者了解色调的基本调整、填充图层、调整图层以及图像批处理等知识。读者需要理解各选项的功能和概念，并灵活掌握其使用方法，以便日后进行深入的学习和研究。

第 5 章　网站图标和按钮设计

图标是具有指代意义和标识性质的图形，它具有高度浓缩、快捷传达信息、便于记忆的特性。图标的历史可以追溯到很久之前，从上古时代的图腾，到现代具有更多含义和功能的各种标识符号，图标可以说无处不在。本章将会向读者介绍一些与网站图标设计相关的基础知识以及制作图标的方法和技巧。

5.1　认识网站图标

图标是一个非常小的可视控件，是网页中的"指示路牌"。它以最便捷、最简单的方式去指引用户获取其想要的信息资源。用户通过图标上的指示，不需要仔细浏览文字信息就可以很快找到自己需要的信息或者完成某项任务，从而节省大量宝贵的时间和精力。

5.1.1　什么是图标

图标分为广义和狭义两种。广义上的图标是指具有指代意义的图形符号。它的应用范围很广，软硬件、网页、社交场所、公共场合等均有应用，如各种交通标志就属于广义上的图标。一件商品的图标是其注册商标；军队的图标是军旗；学校的图标是校徽等。

狭义上的图标是指计算机软件方面的应用，包括程序标识、数据标识、命令选择、模式信号、切换开关、状态指示等。图 5-1 所示为常见的计算机系统图标。

一个图标是一组图像，它由各种不同的格式（大小和颜色）组成，如图 5-2 所示。此外，每个图标可以包含透明的区域，使其可以在不同背景中应用。

图 5-1

图 5-2

图标在网页中占据的面积很小，不会阻碍网页信息的展示，设计精美的图标还可以为网页增添亮点。由于图标本身具备的种种优势，几乎每一个网页都会使用图标来为用户指路，从而大大提高用户浏览网站的速度和效率，也会极大地提升网页的美观程度，如图 5-3 所示。

图 5-3

5.1.2 网站图标的应用

网站图标是用图像的方式来标识一个栏目、功能或命令等。例如，在网页中看到一个日记本图标，很容易就能辨别出这个栏目与日记或留言有关，这时就不需要再标注一长串说明文字了，也避免了各个国家之间因文字的不同而辨识困难，如图 5-4 所示。

图 5-4

在网站 UI 设计中，设计师会根据不同的需要设计不同类型的图标，最常见的是用于导航菜单的导航图标以及用于链接其他网站的友情链接图标，如图 5-5 所示。

图 5-5

当网站中的信息过多，而又需要将重要的信息显示在网站首页时，除了以导航菜单的形式显示外，还可以以内容主题的方式显示。网站首页的内容主题既可以是链接文字，也可以是相关的图标，使用图标可以更好地突出主题内容，如图 5-6 所示。

图 5-6

操作案例　设计简约风格网站图标

　　本案例将设计一组简约风格的网站图标，主要通过基本形状图形的加减操作得到需要的图标效果，图标的整体风格简约、直观，如图 5-7 所示。

图 5-7

使用到的工具	圆角矩形工具、矩形工具、椭圆工具	扫码学习
视频地址	视频 \ 第 5 章 \ 设计简约风格网站图标 .mp4	
源文件地址	源文件 \ 第 5 章 \ 设计简约风格网站图标 .psd	

制作思路分析

　　随着扁平化设计风格的流行，网站页面中越来越多地使用一些简洁的纯色图标。本案例所设计的简约风格网站图标，主要是用 Photoshop 中的矢量绘图工具绘制基本形状图形，通过形状图形的加减操作得到的。这种简约风格的图标适合多种不同风格的网站，其简洁、直观、意义明确。

色彩分析

　　本案例图标主要以白色为主色调，在个别图标中使用明度较高的浅灰色进行搭配，如图 5-8 所示，并且各图标中都添加了投影的效果，视觉效果统一，具有很高的辨识度。

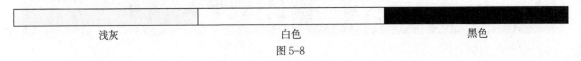

| 浅灰 | 白色 | 黑色 |

图 5-8

制作步骤

01　执行"文件 > 新建"命令，弹出"新建文档"对话框，新建一个空白文档，如图 5-9 所示。新建"图层 1"图层，为该图层填充任意颜色，如图 5-10 所示。

图 5-9　　　　　　　　　　　　　　　　图 5-10

02 为该图层添加"内阴影"图层样式，相关选项设置如图 5-11 所示。继续添加"渐变叠加"图层样式，相关选项设置如图 5-12 所示。

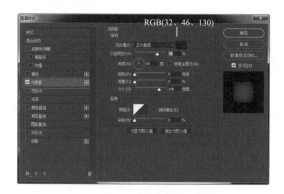

图 5-11　　　　　　　　　　　　　　　　图 5-12

03 单击"确定"按钮，完成图层样式的设置，效果如图 5-13 所示。新建名称为"图标 1"的图层组，选择"圆角矩形工具"，在选项栏中设置"工具模式"为"形状"，"半径"为"2 像素"，在画布中绘制白色的圆角矩形，效果如图 5-14 所示。

图 5-13　　　　　　　　　　图 5-14

> **提示**
>
> 　　Photoshop 中的钢笔工具和形状工具等矢量工具可以创建出不同类型的对象，其中包括形状图层、工作路径和像素图像。在工具箱中选择"矢量工具"后，在选项栏中的"工具模式"下拉列表中选择相应的模式，即可指定一种绘图模式，然后在画布中进行绘图。

04 选择"圆角矩形工具"，在选项栏中设置"路径操作"为"减去顶层形状"，"半径"为"1 像素"，在刚绘制的圆角矩形上减去 3 个圆角矩形，效果如图 5-15 所示。选择"钢笔工具"，在选项栏中设置"路径操作"为"减去顶层形状"，在图形上减去相应的形状，得到需要的图形，如图 5-16 所示。

图 5-15

图 5-16

05 使用矩形工具在画布中绘制矩形，将刚绘制的矩形进行旋转，并调整到合适的位置，如图 5-17 所示。选择"多边形工具"，在选项栏中设置"路径操作"为"合并形状"，"边"为"3"，在画布中绘制白色的三角形，调整至合适的位置，如图 5-18 所示。

图 5-17

图 5-18

06 为该图层组添加"投影"图层样式，相关选项设置如图 5-19 所示。单击"确定"按钮，完成图层样式的设置，如图 5-20 所示。

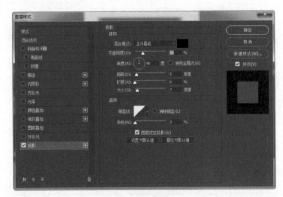

图 5-19

图 5-20

07 新建名称为"图标 2"的图层组，使用椭圆工具在画布中绘制白色正圆形，如图 5-21 所示。选择"椭圆工具"，在选项栏中设置"路径操作"为"减去顶层形状"，在刚绘制的正圆形上减去正圆形，得到需要的图形，如图 5-22 所示。

图 5-21

图 5-22

> **提示**
>
> 　使用椭圆工具在画布中绘制椭圆形时，如果按住 Shift 键拖曳鼠标，则可以绘制正圆形；拖曳鼠标绘制椭圆形时，在释放鼠标之前按住 Alt 键，则将以单击点为中心向四周绘制椭圆形；在画布中拖曳鼠标绘制椭圆时，在释放鼠标之前，按住 Alt+Shift 组合键，则将以单击点为中心向四周绘制正圆形。

08 使用椭圆工具在画布中绘制白色的正圆形，如图 5-23 所示。选择"圆角矩形工具"，在选项栏中设置"路径操作"为"减去顶层形状"，"半径"为"1 像素"，在刚绘制的正圆形上减去两个圆角矩形，得到需要的图形，如图 5-24 所示。

图 5-23

图 5-24

09 使用椭圆工具在画布中绘制白色的正圆形，如图 5-25 所示。选择"矩形工具"，在选项栏中设置"路径操作"为"减去顶层形状"，在正圆形上减去相应的矩形，将得到的图形旋转，效果如图 5-26 所示。

图 5-25

图 5-26

10 用相同的制作方法完成相似图形的绘制，如图 5-27 所示。为"图标 2"图层组添加"投影"图层样式，如图 5-28 所示。

图 5-27

图 5-28

11 新建名称为"图标3"的图层组，选择"圆角矩形工具"，在选项栏中设置"半径"为"3像素"，在画布中绘制白色的圆角矩形，如图 5-29 所示。选择"矩形工具"，在选项栏中设置"路径操作"为"合并形状"，在刚绘制的圆角矩形上添加矩形，效果如图 5-30 所示。

图 5-29

图 5-30

> **提示**
>
> 如果设置"路径操作"为"合并形状"，则可以在原有路径或形状图形的基础上添加新的路径或形状图形。

12 选择"矩形工具"，在选项栏中设置"路径操作"为"减去顶层形状"，在刚绘制的图形上减去矩形得到需要的图形，效果如图 5-31 所示。选择"多边形工具"，在选项栏中设置"边"为"3"，在画布中绘制白色的三角形，并将其调整到合适的大小和位置，效果如图 5-32 所示。

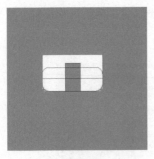
图 5-31

图 5-32

13 使用矩形工具在画布中绘制白色的矩形，如图 5-33 所示。选择"矩形工具"，在选项栏中设置"路径操作"为"减去顶层形状"，在刚绘制的矩形上再减去一个矩形得到需要的图形，效果如图 5-34 所示。

图 5-33　　　　　　　　　　　　　　　图 5-34

> **提示**
>
> 　　完成路径或形状图形的绘制后，可以使用直接选择工具选中需要进行调整的路径或形状图形，按 Ctrl+T 组合键显示出自由变换框，可以对该路径或形状图形进行缩放、旋转和调整位置等变换操作，从而保证所要减去的矩形效果为合适的效果。

14　选择"矩形工具"，在选项栏中设置"填充"为"RGB（221，225，242）"，在画布中绘制矩形，并调整各图层的叠放顺序，效果和图层顺序如图 5-35 所示。使用与第 6 步相同的方法为"图标 3"图层组添加"投影"图层样式，如图 5-36 所示。

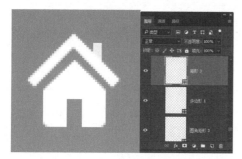

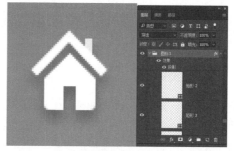

图 5-35　　　　　　　　　　　　　　　图 5-36

15　用相同的制作方法完成系列简约网站图标的设计，最终效果如图 5-37 所示。

图 5-37

5.2　网站图标的设计原则

　　网站 UI 设计越来越趋向于精美和细致。设计精良的图标可以使网站页面脱颖而出，这样的网站设计更加连贯，交互性更强。在网站图标的设计过程中需要遵循一定的原则，才能使所设计的网站图标更加实用和美观。

5.2.1　可识别性

图标是具有指代功能的图像，它存在的目的就是帮助用户快速识别和找到网站中相应的内容，所以必须保证每个图标都可以很容易地和其他图标区分开，即使是同一种风格也应该如此。例如，图 5-38 所示的网页图标虽然颜色是一样的，但形状差异很明显，具有很高的可识别性。

试想一下，如果网站页面中有几十个图标，其形状、样式和颜色全都一模一样，那么该网站浏览起来一定会很不便。

图 5-38

5.2.2　风格统一性

设计和制作一套风格一致的图标会让人们从视觉上感受到网站页面的完整性和专业性。图 5-39 所示为信息咨询网页，该页面采用了扁平化的设计风格。页面底部导航栏上的图标采用了与页面相同的扁平化设计风格，整个页面风格统一，更方便用户浏览。

图 5-39

5.2.3　与环境协调

独立存在的图标是没有意义的，它只有被真正应用到页面中才能实现价值，这时就要考虑图标与整个页面风格的协调。图 5-40 所示为网站页面中图标的应用效果，产品设计为卡通图标的形式，并与卡通风格的网站页面相结合，这种自然的表现方式可以使人们更容易接受。

图 5-40

5.2.4　创意性

近几年国内网站 UI 设计快速崛起，网站中各种图标的设计更是层出不穷。要想让用户注意到网页中的内容，图标设计者就需要在保证图标实用性的基础上增强图标的创意性，只有这样才能和其他图标相区别，给用户留下深刻的印象，如图 5-41 所示。

图 5-41

操作案例　设计水晶质感图标

本案例将设计一款水晶质感图标，通过图层样式和滤镜的运用体现出该水晶质感图标的通透感，如图 5-42 所示。

图 5-42

使用到的工具	图形工具、图层样式、智能滤镜	扫码学习
视频地址	视频 \ 第 5 章 \ 设计水晶质感按钮 .mp4	
源文件地址	源文件 \ 第 5 章 \ 设计水晶质感按钮 .psd	

制作思路分析

水晶质感图标是在网页中经常能够看到的一种图标，其质感很强烈，设计细密。本案例中的水晶质感图标主要通过为图形添加相应的图层样式，应用各种高光和阴影效果，使图标产生很强烈的层次感、通透感，进而给用户带来一种很强烈的视觉冲击。

色彩分析

本案例所设计的水晶质感图标以绿色为主体颜色，并使用不同明度和纯度的绿色相互搭配，给人带来宁静、安全、可靠的感觉，如图 5-43 所示。该图标的整体配色让人感觉柔和、舒服，给人一种很好的视觉体验。

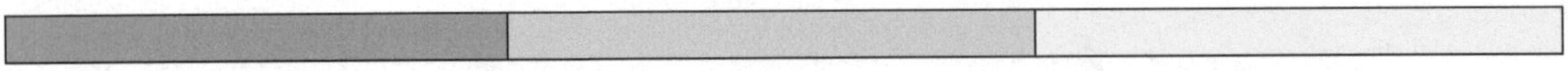

绿色　　　　　　　　黄绿色　　　　　　　　浅黄绿色

图 5-43

制作步骤

01 执行"文件 > 新建"命令，弹出"新建"对话框，新建一个空白文档，如图 5-44 所示。选择"渐变工具"，在选项栏中单击渐变预览条，弹出"渐变编辑器"对话框，参数设置如图 5-45 所示。

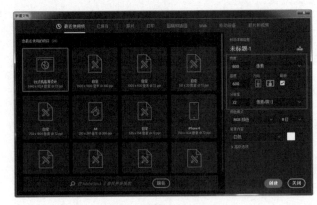

图 5-44

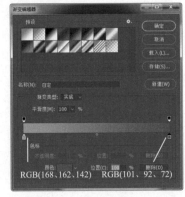

RGB(168、162、142) 　 RGB(101、92、72)

图 5-45

02 完成渐变效果的设置后，在画布中填充径向渐变，效果如图 5-46 所示。新建名称为"背景"的图层组，选择"圆角矩形工具"，在选项栏中设置"工具模式"为"形状"，"半径"为"50 像素"，在画布中绘制任意颜色的圆角正方形，如图 5-47 所示。

图 5-46

图 5-47

> **提示**
>
> 渐变工具的选项栏中提供了 5 种不同类型的渐变填充效果，分别是线性渐变■、径向渐变■、角度渐变■、对称渐变■和菱形渐变■。其中，径向渐变是指从起点到终点颜色从内到外进行圆形填充的渐变效果。

03 为该图层添加"内阴影"图层样式，相关选项设置如图 5-48 所示。继续添加"渐变叠加"图层样式，相关选项设置如图 5-49 所示。

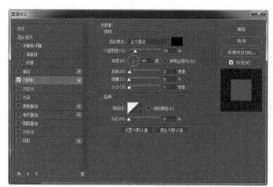

图 5-48

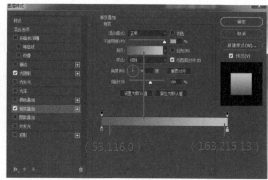

图 5-49

04 为该图层添加"投影"图层样式，进行相关设置，如图 5-50 所示。单击"确定"按钮，完成图层样式的设置，效果如图 5-51 所示。

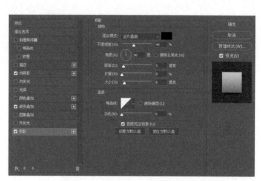

图 5-50

图 5-51

05 用相同的制作方法完成相似图形的绘制，效果如图 5-52 所示。复制"圆角矩形 1 拷贝"图层得到"圆角矩形 1 拷贝 2"图层，清除该图层的图层样式；双击该图层，弹出"图层样式"对话框，"混合选项"组的相关设置如图 5-53 所示。

图 5-52

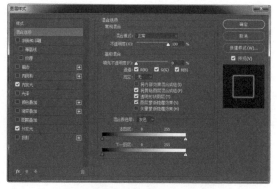

图 5-53

提示

在"图层样式"对话框的"混合选项"设置界面中，如果勾选"将内部效果混合成组"选项，则将图层的混合模式应用于修改不透明像素的图层样式，例如"内发光""颜色叠加""渐变叠加""图案叠加"效果。

如果勾选"将剪贴图层混合成组"选项，则基底图层的混合模式应用于剪贴蒙版中的所有图层；取消勾选该选项，可以保持原有模式和组中每个图层的外观。

如果勾选"透明形状图层"选项，则将图层效果和挖空限制在图层的不透明区域；取消勾选该选项，可以在整个图层内应用这些效果。

如果勾选"图层蒙版隐藏效果"选项，则将图层效果限制在图层蒙版所定义的区域。

如果勾选"矢量蒙版隐藏效果"选项，则将图层效果限制在矢量蒙版所定义的区域。

06 为该图层添加"内发光"图层样式，相关选项设置如图 5-54 所示。继续添加"外发光"图层样式，相关选项设置如图 5-55 所示。

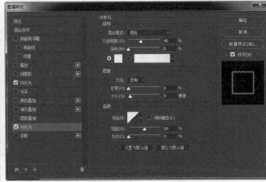

图 5-54 图 5-55

07 单击"确定"按钮，完成图层样式的设置，效果如图 5-56 所示。为该图层添加图层蒙版，在蒙版中绘制黑白线性渐变，设置该图层的"填充"为"0%"，如图 5-57 所示。

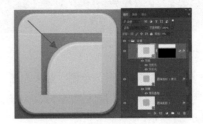

图 5-56 图 5-57

08 新建名称为"气泡"的图层组，使用椭圆工具在画布中绘制任意颜色的椭圆形，如图 5-58 所示。选择"钢笔工具"，在选项栏中设置"工具模式"为"形状"，设置"路径操作"为"合并形状"，在刚绘制的椭圆形上添加相应的形状图形，如图 5-59 所示。

图 5-58 图 5-59

09　为该图层添加"内阴影"图层样式，相关选项设置如图 5-60 所示。继续添加"渐变叠加"图层样式，相关选项设置如图 5-61 所示。

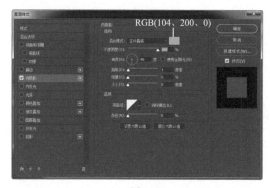
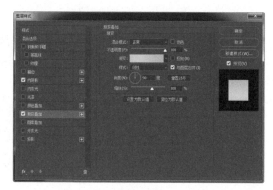

图 5-60　　　　　　　　　　　　　　　　　　图 5-61

> **提示**
>
> "内阴影"图层样式可以在紧靠图层内容的边缘内侧添加阴影效果，使图层内容产生凹陷的视觉效果。

10　单击"确定"按钮，完成图层样式的设置，效果如图 5-62 所示。使用钢笔工具在画布中绘制形状图形，如图 5-63 所示。

图 5-62　　　　　　　　　　　　　　　　　　图 5-63

11　双击"形状 1"图层，弹出"图层样式"对话框，"混合选项"组的相关设置如图 5-64 所示。为该图层添加"内发光"图层样式，相关选项设置如图 5-65 所示。

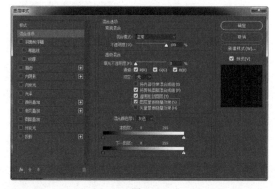
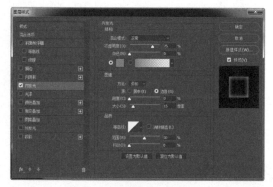

图 5-64　　　　　　　　　　　　　　　　　　图 5-65

> **提示**
>
> 在"内发光"图层样式设置界面中，"方法"选项用于控制发光的准确程度。该选项的下拉列表中有"柔和"和"精确"两个选项，若设置为"柔和"，则发光轮廓会应用经过修改的模糊操作，以保证发光效果与背景之间的柔和过渡；若设置为"精确"，则可以得到精确的发光边缘，但会比较生硬。

12 为图层添加"渐变叠加"图层样式，相关选项设置如图 5-66 所示。单击"确定"按钮，为该图层添加图层蒙版。使用画笔工具，设置"前景色"为"黑色"，选择合适的笔触与大小，在画布中涂抹，设置该图层的"填充"为"0%"，如图 5-67 所示。

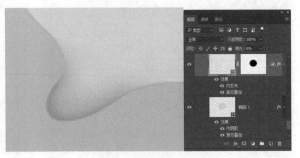

图 5-66　　　　　　　　　　　　　　　图 5-67

13 将"形状 1"图层复制两次，如图 5-68 所示。复制"形状 1 拷贝 2"图层得到"形状 1 拷贝 3"图层，清除该图层的图层样式，再为该图层添加"内阴影"图层样式，相关选项设置如图 5-69 所示。

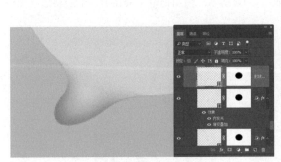
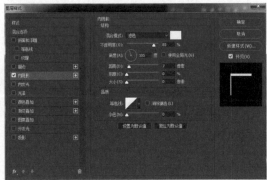

图 5-68　　　　　　　　　　　　　　　图 5-69

14 单击"确定"按钮，为该图层添加图层蒙版。在蒙版中填充黑白线性渐变，设置该图层的"填充"为"0%"，如图 5-70 所示。用相同的制作方法完成相似图形的绘制，如图 5-71 所示。

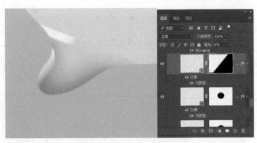

图 5-70　　　　　　　　　　　　　　　图 5-71

> **提示**
>
> 　　设置图层的"填充"选项可以控制图层的填充不透明度，它只会影响图层中绘制的像素和形状图形的不透明度，而不会对图层样式产生影响。

15 选择"椭圆工具"，在选项栏中设置"填充"为"RGB（132，211，24）"，在画布中绘制椭圆形，如图 5-72 所示。执行"图层 > 智能对象 > 转换为智能对象"命令，将该图层转换为智能对象；执行"滤镜 > 模糊 > 高斯模糊"命令，弹出"高斯模糊"对话框，参数设置如图 5-73 所示。

图 5-72

图 5-73

> **提示**
>
> 　　与普通图层相比，智能对象的优势在于其可以进行非破坏性变换，可以根据设计过程中的实际需要按任意比例对图像进行缩放、旋转、变形等操作，且不会丢失图像数据或者降低图像的品质。用于智能对象的所有滤镜都是智能滤镜，智能滤镜可以随时修改参数或者撤销，并且不会对图像造成任何破坏。

16　载入"椭圆 1"选区，为"椭圆 2"图层添加图层蒙版，如图 5-74 所示。用相同的制作方法完成相似图形的绘制，如图 5-75 所示。

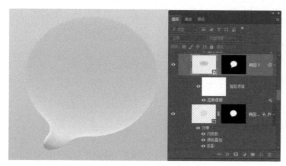

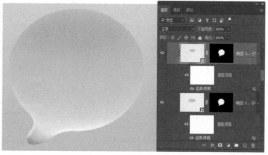

图 5-74

图 5-75

17　新建"图层 1"，使用画笔工具，设置"前景色"为"白色"，选择合适的笔触与大小，在画布中进行涂抹，如图 5-76 所示。载入"椭圆 1"选区，为"图层 1"添加图层蒙版，设置该图层的"混合模式"为"柔光"，如图 5-77 所示。

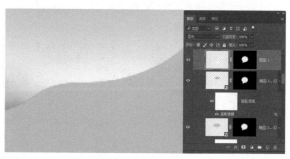

图 5-76

图 5-77

> **提示**
>
> 　　设置图层的"混合模式"为"柔光"，将根据图层中的颜色决定图像是变亮还是变暗。衡量的标准是 50% 的灰色，高于这个比例则图像变亮，低于这个比例则图像变暗，效果与发散的聚光灯照在图像上相似，混合后图像色调比较柔和。

18 用相同的制作方法完成相似图形的绘制，如图 5-78 所示。使用椭圆工具在画布中绘制白色的椭圆形，为该图层添加图层蒙版，在蒙版中绘制黑白线性渐变，设置该图层的"不透明度"为"15%"，如图 5-79 所示。

 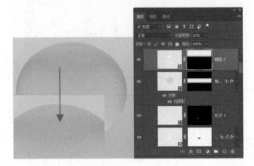

图 5-78   图 5-79

19 用相同的制作方法完成相似图形的绘制，如图 5-80 所示。在"背景"图层组下方新建名称为"阴影"的图层组，复制"椭圆 1"图层得到"椭圆 1 拷贝 4"图层，清除该图层的图层样式，修改颜色为"RGB（48，101，0）"，调整图形到合适的位置与大小，效果如图 5-81 所示。

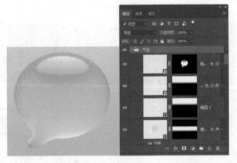 

图 5-80   图 5-81

20 为该图层添加"颜色叠加"图层样式，相关选项设置如图 5-82 所示。单击"确定"按钮，完成图层样式的设置，效果如图 5-83 所示。

图 5-82   图 5-83

21 执行"图层 > 智能对象 > 转换为智能对象"命令，将该图层转换为智能对象；执行"滤镜 > 模糊 > 高斯模糊"命令，弹出"高斯模糊"对话框，参数设置如图 5-84 所示。在智能滤镜的蒙版中绘制黑白线性渐变，设置该图层的"不透明度"为"90%"，如图 5-85 所示。

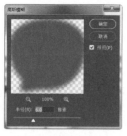

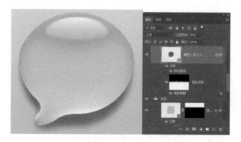

图 5-84　　　　　　　　　　　　　　　　　图 5-85

22 用相同的制作方法完成相似图形的绘制，如图 5-86 所示。在"气泡"图层组上方新建名称为"水滴"的图层组，选择"椭圆工具"，在选项栏中设置"填充"为"RGB（205，255，59）"，在画布中绘制正圆形，如图 5-87 所示。

图 5-86　　　　　　　　　　　　　　　图 5-87

23 为该图层添加"描边"图层样式，相关选项设置如图 5-88 所示。继续添加"内阴影"图层样式，相关选项设置如图 5-89 所示。

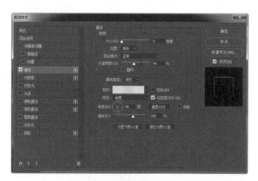

图 5-88　　　　　　　　　　　　　　　图 5-89

24 为图层添加"内发光"图层样式，相关选项设置如图 5-90 所示。继续添加"渐变叠加"图层样式，相关选项设置如图 5-91 所示。

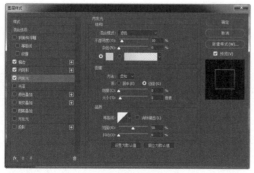

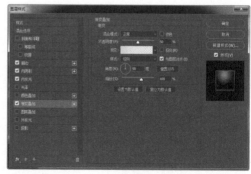

图 5-90　　　　　　　　　　　　　　　图 5-91

25 为图层添加"外发光"图层样式，相关选项设置如图 5-92 所示。单击"确定"按钮，完成图层样式的设置，设置该图层的"填充"为"0%"，如图 5-93 所示。

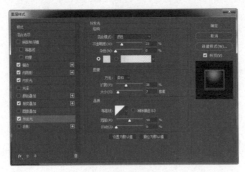
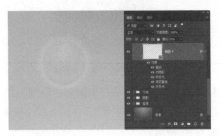

图 5-92　　　　　　　　　　　　图 5-93

26 用相同的制作方法完成相似图形的绘制，效果如图 5-94 所示。复制"水滴"图层组，将复制得到的图形分别调整到合适的大小和位置，如图 5-95 所示。

图 5-94　　　　　　　　　　　　图 5-95

27 在"背景"图层组中复制"圆角矩形 1"图层得到"圆角矩形 1 拷贝 3"图层，将其调整至所有图层的下方；清除该图层的图层样式，修改图形的颜色为黑色，将其向下移动，效果如图 5-96 所示。将该图层转换为智能对象，执行"滤镜 > 模糊 > 动感模糊"命令，弹出"动感模糊"对话框，相关设置如图 5-97 所示。

图 5-96　　　　　　　　　　　　图 5-97

28 单击"确定"按钮，完成"动感模糊"效果的设置，效果如图 5-98 所示。执行"滤镜 > 模糊 > 高斯模糊"命令，弹出"高斯模糊"对话框，参数设置如图 5-99 所示。

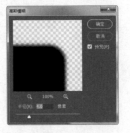

图 5-98　　　　　　　　　　　　图 5-99

29 单击"确定"按钮，完成"高斯模糊"效果的设置。设置该图层的"混合模式"为"正片叠底"，"不透明度"

设为 "42%"，如图 5-100 所示。至此该水晶质感图标的设计制作完成，最终效果如图 5-101 所示。

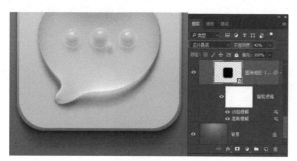

图 5-100　　　　　　　　　　　　　　　　　　　　图 5-101

5.3　网站按钮的特点

如今，网站中越来越多地使用图像按钮、JavaScript 交互按钮或 Flash 动态按钮等，来增强页面的动态感和美观度。

按钮主要有两个作用，第一是提示作用，通过提示性的文本或者图形告诉用户单击后会有什么效果；第二是动态响应作用，即当用户在进行不同的操作时，按钮能够呈现出不同的效果，响应不同的鼠标事件。这样的动态按钮一般有 4 个状态，即释放（Up）、滑过（Over）、按下（Down）和按下时滑过（Over While Down）。从功能的角度来看，按钮和文字链接的作用相同，它们都是引导用户去访问某些内容。

不论是静态图像按钮还是动态按钮，网站中的按钮都具有以下几个特点。

5.3.1　易用性

在网站中，图像按钮与特殊字体相比，图像按钮更容易被用户识别。网页设计师需要充分激发自己的创意和想法，使图像按钮跃然于页面上，更方便用户的操作和使用。随着 HTML5 动画在网页中越来越广泛地应用，在网站中也可以越来越多地看到 JavaScript 动画按钮。JavaScript 动画按钮不仅能够吸引用户的注意力，而且能使网页更易于操作。所以现在的网站 UI 设计中越来越多地应用设计精美的静态图像按钮和动态按钮，如图 5-102 所示。

图 5-102

5.3.2　可操作性

在网站 UI 设计过程中，为了使网页中比较重要的功能或链接突出显示，通常会将该部分内容制作成按钮的形式，如"登录"按钮和"搜索"按钮等，或者一些具有特别功能的链接按钮。这些按钮，不论是静态的还是动态的，在网页中都不仅有装饰作用，还能用于实现某些功能或作用。这就需要网页中的按钮都有一定的可操作性，能够实现网页的某种功能，如图 5-103 所示。

图 5-103

5.3.3 动态效果

静态图像按钮的表现形式较为单一，不能够引起用户的兴趣和注意。而 JavaScript 交互按钮和 Flash 按钮具有动态效果，能够增强页面的动感，传达更丰富的信息，并且可以突出该按钮与页面中其他普通按钮的区别，能够突出显示该按钮及其内容，如图 5-104 所示。

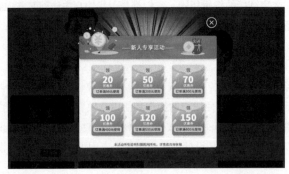

图 5-104

操作案例　设计网站个性按钮

本案例将设计一款网站个性按钮，综合运用图层样式表现按钮的质感，并应用水滴等图形使按钮的表现效果更加突出，如图 5-105 所示。

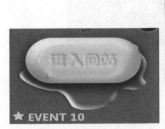

图 5-105

使用到的工具	图形工具、图层样式、填充、不透明度	扫码学习
视频地址	视频 \ 第 5 章 \ 设计网站个性按钮 .mp4	
源文件地址	源文件 \ 第 5 章 \ 设计网站个性按钮 .psd	

制作思路分析

本案例所设计的网站个性按钮并不是特别复杂，绘制出简单的按钮图形，为图形添加各种图层样式，即可实现明显的立体感和质感效果；结合"不透明度"和"填充"选项的设置，使按钮图形产生凹凸质感，使其更加具有视觉层次感。

色彩分析

本案例所设计的网站个性按钮使用黄色作为按钮的主体色调，搭配白色的高光和橙色的阴影体现按钮的立体感和质感，如图 5-106 所示。按钮的配色与网站页面的整体色调统一，使按钮在网站页面中的表现效果和谐、舒适。

黄色	橙色	白色

图 5-106

制作步骤

01 打开素材文件"源文件 \ 第 5 章 \ 素材 \601.jpg"，如图 5-107 所示。新建名称为"进入按钮"的图层组，选择"圆角矩形工具"，在选项栏中设置"半径"为"52.5 像素"，在画布中绘制一个黑色圆角矩形，效果如图 5-108 所示。

图 5-107　　　　　　　　　　　图 5-108

02 为该图层添加"斜面和浮雕"图层样式，相关选项设置如图 5-109 所示。继续添加"内阴影"图层样式，相关选项设置如图 5-110 所示。

图 5-109　　　　　　　　　　　图 5-110

03 为图层添加"渐变叠加"图层样式，相关选项设置如图 5-111 所示。继续添加"投影"图层样式，相关
选项设置如图 5-112 所示。

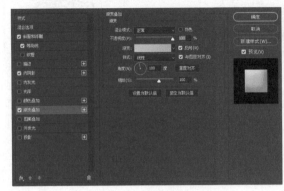
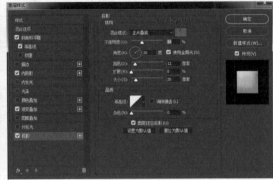

图 5-111　　　　　　　　　　　　　　　　　　图 5-112

04 单击"确定"按钮，完成图层样式的设置，效果如图 5-113 所示。复制"圆角矩形 1"图层得到"圆角矩
形 1 拷贝"图层，清除"圆角矩形 1 拷贝"图层的图层样式，为其添加"投影"图层样式，相关选项设置
如图 5-114 所示。

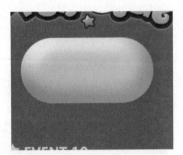

图 5-113　　　　　　　　　　　　　　　　　　图 5-114

提示

　　如果需要删除图层的某一种图层样式，可以拖曳该图层样式至"图层"面板下方的"删除"按钮 🗑 上。如果需
要删除图层的多个图层样式，可以在该图层上右击，在弹出的快捷菜单中选择"清除图层样式"命令，一次性删除该
图层的多个图层样式。

05 单击"确定"按钮，完成图层样式的设置，设置该图层的"填充"为"0%"，如图 5-115 所示。复制"圆
角矩形 1 拷贝"图层得到"圆角矩形 1 拷贝 2"图层，清除该图层的图层样式，为其添加"渐变叠加"图
层样式，相关选项设置如图 5-116 所示。

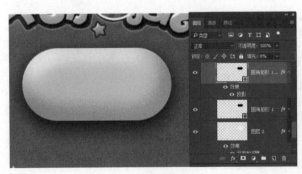
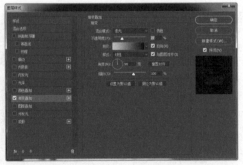

图 5-115　　　　　　　　　　　　　　　　　　图 5-116

06 单击"确定"按钮，完成图层样式的设置，设置该图层"填充"为"0%"，如图 5-117 所示。选择"钢笔工具"，在选项栏中设置"工具模式"为"形状"，在画布中绘制白色的形状图形，效果如图 5-118 所示。

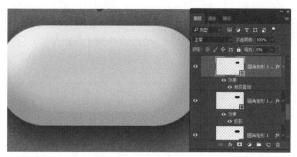

图 5-117

图 5-118

07 为该图层添加"斜面和浮雕"图层样式，相关选项设置如图 5-119 所示。继续添加"投影"图层样式，相关选项设置如图 5-120 所示。

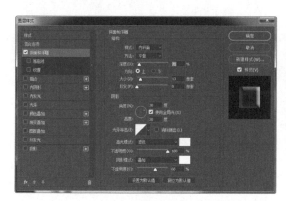

图 5-119

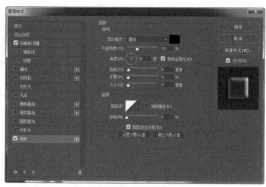

图 5-120

08 单击"确定"按钮，完成图层样式的设置，设置该图层的"填充"为"10%"，如图 5-121 所示。用相同的制作方法完成相似图形效果的绘制，效果如图 5-122 所示。

图 5-121

图 5-122

09 新建"图层 1"，选择"画笔工具"，设置"前景色"为白色，选择合适的笔触并设置笔触不透明度，在画布中合适的位置涂抹，设置该图层的"混合模式"为"柔光"，效果如图 5-123 所示。复制"图层 1"得到"图层 1 拷贝"图层，将复制得到的图形垂直翻转并向上移至合适的位置，效果如图 5-124 所示。

图 5-123　　　　　　　　　　　　　　　图 5-124

10 选择"横排文字工具"，在"字符"面板中设置相关选项，在画布中输入文字，如图 5-125 所示。为文字图层添加"内阴影"图层样式，相关选项设置如图 5-126 所示。

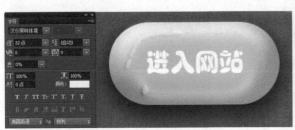

图 5-125　　　　　　　　　　　　　　　图 5-126

11 为图层添加"外发光"图层样式，相关选项设置如图 5-127 所示。继续添加"投影"图层样式，相关选项设置如图 5-128 所示。

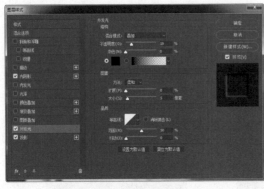

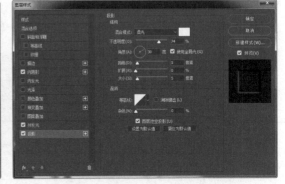

图 5-127　　　　　　　　　　　　　　　图 5-128

12 单击"确定"按钮，完成图层样式的设置，设置该图层的"填充"为"0%"，如图 5-129 所示。在"进入按钮"图层组上方添加"色相 / 饱和度"调整图层，在"属性"面板中对相关选项进行设置，如图 5-130 所示。

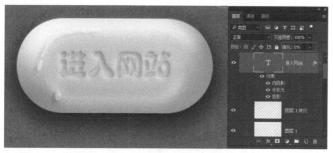

图 5-129

图 5-130

13 选中"色相 / 饱和度"调整图层,执行"图层 > 创建剪贴蒙版"命令,为该图层创建剪贴蒙版,如图 5-131 所示。用相同的制作方法完成相似图形效果的绘制,并调整图层的叠放顺序,如图 5-132 所示。

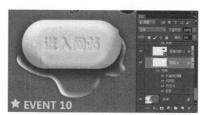

图 5-131

图 5-132

14 该个性网站按钮的设计制作完成,最终效果如图 5-133 所示。

图 5-133

5.4 网站按钮的表现形式

从功能上分,目前在网页中普遍出现的按钮可以分为两种,一种是真正意义上的按钮,可以实现提交功能;另一种称为"伪按钮",仅作为链接的图片。

5.4.1 提交功能按钮

当用户输入关键字后,单击"搜索"按钮,网页中将会出现搜索的结果;当用户输入用户名和密码后,单击"登录"按钮,网页中将显示用户的相关信息。类似如此,提交功能按钮上的文字说明了整个表单区域的内容,例如有"搜索"按钮的区域内的文本框和按钮都是为搜索功能服务的,不需要再另外添加说明,这也是网页设计师为提高网页可用性而普遍采用的一种方式。

提交功能按钮在表现形式上可以分为如下两种。

1．系统标准按钮

系统标准按钮是网页中默认的实现提交功能的按钮，与各种各样的图片按钮相比，其更容易被用户识别，只是样式过于单一呆板，在很多情况下与网页的整体风格不相符，如图 5-134 所示。

2．使用图片制作的按钮

很多情况下，由于系统标准按钮很难与网页的整体风格相融合，所以网页设计师会设计与网页整体风格相符的图片按钮来代替系统标准按钮，它同样可以实现提交功能。图片制作的按钮美观大方，形式多变，但是用户很难将它与网页中其他一些普通链接图片按钮相区别，如图 5-135 所示。

图 5-134 　　　　　　　　　　　　　　　图 5-135

5.4.2 　超链接图片按钮

在网页中除了包含实现提交功能的按钮之外，还包含许多"伪按钮"，这些按钮从外观上看是按钮，而实际上只是提供了一个链接。设计者为了突出某个链接的重要性，将其设计为按钮的样式，与普通文字链接区别开，使得这些链接更为突出，引导用户点击。

网站上"伪按钮"的表现形式有 3 种，即静态图片按钮、JavaScript 翻转图片按钮和 Flash 动画按钮。不管是什么形式的按钮，设计者一定要使其风格与整个页面的风格一致，使设计的按钮和页面能够给用户留下深刻的印象，如图 5-136 所示。对网页中按钮的表现形式及风格的把握，需要设计师多看成功作品，多从用户的角度思考问题，这样才能够快速提高设计水平。

图 5-136

操作案例　设计网站下载按钮

本案例将设计一款网站下载按钮，将下载按钮图形与下载进度图形相结合，使其视觉表现效果更加丰富，如图 5-137 所示。

图 5-137

使用到的工具	图形工具、定制图案、图层样式	扫码学习
视频地址	视频 \ 第 5 章 \ 设计网站下载按钮 .mp4	
源文件地址	源文件 \ 第 5 章 \ 设计网站下载按钮 .psd	

制作思路分析

　　本案例所设计的网站个性按钮并不复杂，先绘制出简单的按钮图形，再为图形添加各种图层样式，从而获得强烈的立体感和质感效果，结合"不透明度"和"填充"选项的设置，使按钮图形产生凹凸质感，更加具有层次感。

色彩分析

　　本案例所设计的下载按钮使用绿色作为主体颜色，使用明度和纯度相近的绿色搭配，如图 5-138 所示。整体给人视觉上的统一感，纯度的变化又让人感觉舒适；搭配对比色黄色，给人直观、舒适、富有层次感的视觉印象。

草绿色	绿色	黄色

图 5-138

制作步骤

01　执行"文件 > 新建"命令，弹出"新建文档"对话框，新建一个空白文档，如图 5-139 所示。选择"渐变工具"，打开"渐变编辑器"对话框，设置渐变颜色，参数设置如图 5-140 所示。

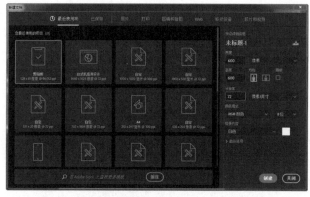

图 5-139

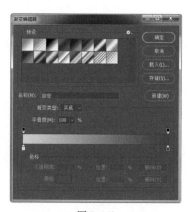

图 5-140

02　单击"确定"按钮，完成渐变效果的设置，在画布中填充径向渐变，效果如图 5-141 所示。执行"文件 > 新建"命令，弹出"新建文档"对话框，新建一个空白文档，参数设置如图 5-142 所示。

图 5-141

图 5-142

03 使用矩形选框工具在画布中绘制选区，并分别为选区填充相应的颜色，效果如图 5-143 所示。执行"编辑 >
定义图案"命令，弹出"图案名称"对话框，如图 5-144 所示。单击"确定"按钮，将所绘制的图形定义
为图案。

图 5-143

图 5-144

04 返回设计文档，复制"背景"图层得到"背景 拷贝"图层，为该图层添加"图案叠加"图层样式，对相关
选项进行设置，如图 5-145 所示。单击"确定"按钮，完成图层样式的设置，效果如图 5-146 所示。

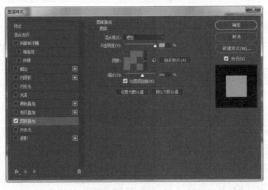

图 5-145

图 5-146

05 选择"圆角矩形工具"，在选项栏中设置"填充"为"RGB（55,132,4）"，"半径"为"20 像素"，在画布中绘
制圆角矩形，效果如图 5-147 所示。为该图层添加"投影"图层样式，对相关选项进行设置，如图 5-148 所示。

图 5-147

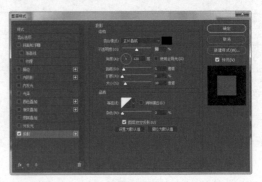

图 5-148

06 单击"确定"按钮，完成图层样式的设置，效果如图 5-149 所示。复制"圆角矩形 1"图层，清除复制得到图层的图层样式并将其重命名为"圆角矩形 2"，将其填充颜色修改为"RGB（120,197,73）"，并向上移动一层，如图 5-150 所示。

图 5-149   图 5-150

提示

如果需要修改形状图形的填充颜色，可以双击该形状图形所在的形状图层缩览图，在弹出的"拾色器"对话框中即可修改该形状图形的填充颜色。

---

07 为"圆角矩形"图层添加"斜面和浮雕"图层样式，对相关选项进行设置，如图 5-151 所示。继续添加"内阴影"图层样式，对相关选项进行设置，如图 5-152 所示。

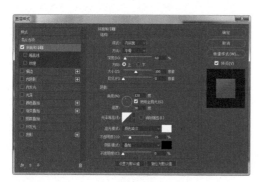
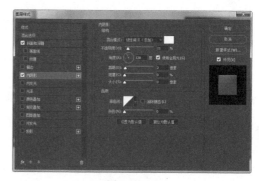

图 5-151   图 5-152

08 为图层添加"内发光"图层样式，对相关选项进行设置，如图 5-153 所示。继续添加"图案叠加"图层样式，对相关选项进行设置，如图 5-154 所示。

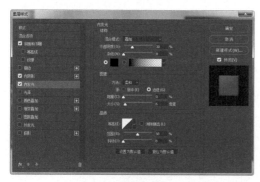
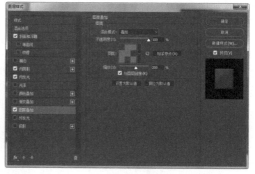

图 5-153   图 5-154

09 单击"确定"按钮，完成图层样式的设置，效果如图 5-155 所示。使用椭圆工具在画布中绘制一个黑色正圆形，效果如图 5-156 所示。

图 5-155

图 5-156

10 选择"椭圆工具"，在选项栏中设置"路径操作"为"减去顶层形状"，在刚绘制的正圆形上减去一个正圆形，得到需要的圆环图形，效果如图 5-157 所示。设置该图层的"混合模式"为"线性加深"，"填充"为"10%"，如图 5-158 所示。

图 5-157

图 5-158

> **提示**
>
> 　　使用路径选择工具选中多条需要进行对齐操作的路径，单击选项栏中的"路径对齐方式"按钮，可以在弹出的菜单中选择需要对所选中的多条路径应用的对齐方式。

11 新建名称为"进度条"的图层组，选择"椭圆工具"，在选项栏中设置"填充"为"RGB（255, 210, 0）"，在画布中绘制正圆形，效果如图 5-159 所示。分别选择"椭圆工具"和"矩形工具"，在选项栏中设置"路径操作"为"减去顶层形状"，在刚绘制的正圆形上减去相应的形状得到需要的图形，效果如图 5-160 所示。

图 5-159

图 5-160

12 使用椭圆工具在画布中合适的位置绘制两个椭圆形，效果如图 5-161 所示。为"进度条"图层组添加"内发光"图层样式，对相关选项进行设置，如图 5-162 所示。

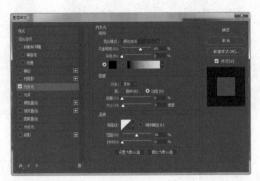

图 5-161

图 5-162

13 单击"确定"按钮,完成图层样式的设置,效果如图 5-163 所示。选择"自定形状工具",在"形状"下
   拉面板中选择相应的形状,在画布中绘制形状图形,效果如图 5-164 所示。

图 5-163

图 5-164

14 为该图层添加"内阴影"图层样式,对相关选项进行设置,如图 5-165 所示。继续添加"投影"图层样式,
   对相关选项进行设置,如图 5-166 所示。

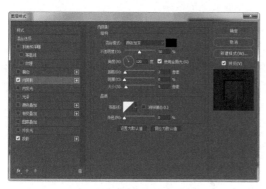

图 5-165

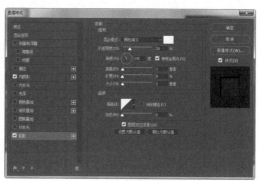

图 5-166

15 单击"确定"按钮,完成图层样式的设置,设置该图层的"填充"为"10%",如图 5-167 所示。至此该
   下载按钮的设计制作完成,最终效果如图 5-168 所示。

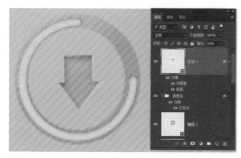

图 5-167

图 5-168

5.5 课堂提问

　　图形与文字不同,它是一种视觉语言,可以理解为关于"图"的设计。图形的视觉冲击力比文字大得多,
它将设计的思想赋予形态中,通过图形来传达信息。图形可以集中展现网页的整体结构和风格,将信息传达
得更为直接、立体,并且更容易让人理解。

5.5.1 图标和按钮的作用是什么

　　图标和按钮这两种元素在网站页面中的作用主要表现在以下几个方面。

1．有效传达信息

在网站 UI 设计中，传达信息是最主要的目的，图形和文字一样，在网页中起着信息传达的作用。但是图形在形态上的表现必须与网页传播的主体内容相一致。虽然图形在传达信息上受到了面积大小和用色多少等因素的制约，但是图形本身所具有的诸多优势，如直观性、丰富性等，可以让其与文字、视频等传播方式一起构成网站独特的信息传达系统。

2．多变的表现效果

在提倡设计个性化、多元化的今天，图形在网站页面中的展现也应该具有独特的方式。设计者只有勇于创新，敢于冲破通俗的图形表现方式，才能提高网站页面的视觉冲击力，充分优化网页的整体设计构图，从而达到与众不同的效果，给用户以过目不忘的视觉体验。

3．视觉效果突出

图形以形态作为传达信息的依托，是提升网页信息传达效率的重要因素。具有较高视觉美感的图形更容易引发用户心理上的共鸣，因此图形的形态结构会直接影响信息传达的效果。

4．富有趣味

如果一个网页中叙述性文字较多，虽然内容比较充实，但是可能太过于单调和死板、没有吸引力，则可以用趣味性较强的图形来加以改善，从而达到一种调和的效果。如果一个网页本身的内容并不丰富，那么也可以用这样的图形来充实网页的表现内容，使网页焕发活力，也可以让网页传达的信息通过这种趣味的方式传播出去。

5.5.2　网页中常用的图形格式是什么

由于网页传输和网络载体的特殊性，在网页中使用的图形格式与出版印刷常用的图形格式大不相同，且在网页中图形的使用目的不同，图形的格式也不一样。网页中常用的图形格式主要有以下几种。

1．JPEG

JPEG 是一种有损压缩的格式，这种图形格式是用来压缩连续色调图像的标准格式，所以应用最为广泛。这种格式的压缩率比较高，但在压缩的同时会丢失部分图形的信息，所以图形的质量要比其他格式的图形质量差。JPEG 格式的图形支持全彩色模式，适合用来优化颜色丰富的图像。

2．GIF

GIF 是 CompuServe 公司在 1987 年开发的图像文件格式，它的全称是 Graphic Interchange Format，原本是"图像互换格式"的意思，是一种无损压缩格式，压缩率在 50% 左右，但对于画面颜色简单的图形能够具有非常高的压缩率。其不属于任何应用程序，主要用于网页动画、网页设计和网络传输等方面。

3．PNG

PNG 的全称是 Portable Network Graphic，意为可移植网络图像，是由 Netscape 公司所研发出来的。目前，IE 和 Netscape 两大浏览器已经全部支持该格式的图形图像。

5.6　本章小结

图标和按钮设计是网站 UI 设计的基础，图标和按钮的创意与设计具有很高的价值性和艺术性。本章详细介绍了网页中图标和按钮的相关设计知识，并通过典型的案例制作讲解了图标和按钮的设计和表现方法。

第6章　网站导航设计

导航是网站不可或缺的元素之一，它是网站信息结构的基础分类，也是用户的指路灯。本章将向读者详细介绍网站导航设计的相关知识，并以案例的形式介绍网站导航的设计方法。

6.1　初识网站导航

导航是网站设计中不可缺少的部分，它通过一定的技术手段，为网站的访问者提供一定的途径，使其可以方便地访问到所需的内容，是用户浏览网站时可以从一个页面跳转到另一个页面的快速通道，如图6-1所示。

图 6-1

6.2　网站导航的作用

网站导航的主要作用就是帮助用户找到需要的信息，可以综述为以下3个方面。

1．引导页面跳转
网站页面中各种形式与类型的导航和菜单作用都是帮助用户更方便地跳转到不同的页面。

2．定位用户的位置
导航和菜单还可以帮助用户识别当前页面与网站整体的关系，以及当前页面与其他页面之间的关系。

3．理清内容与链接的关系
网站的导航和菜单是网站整体内容的一个索引和高度概括，它们的功能就像图书的目录，可以帮助用户快速找到需要的内容和信息。

6.3　网站导航的设计标准

导航是网站中非常重要的引导性元素，可以从利用率、实现度、符合性和有效性4个方面来评估一款导航设计是否足够优秀。

1．利用率

用户通过导航功能浏览不同页面的次数越多，说明导航的利用率越高。

2．实现度

用户使用导航功能时，单击导航中的链接成功进行下一步操作所占的比例即为实现度。

3．符合性

用户使用导航的停留时间和任务完成度可以用来衡量导航的符合性。页面的平均停留时间越短，说明任务完成度越高，则导航的符合性越高。

4．有效性

页面平均停留时间可以衡量导航的有效性。用户在每个页面停留的时间越短，说明导航的功能越有效，即有效性越高。

6.4 网站导航的表现形式

一个优秀的网页能够用导航帮助用户访问网站内容。导航的形式和种类很多，在网页中较为常用的形式有标签形式、按钮形式、弹出菜单形式、无边框形式、HTML 动画形式和多导航系统形式。

6.4.1 标签形式的导航

在一些图片比例较大、文字信息量小而且风格比较简单的网页中，标签形式的导航较为常用，如图 6-2 所示。

图 6-2

6.4.2 按钮形式的导航

按钮形式的导航是最原始也是最容易让用户理解为单击含义的导航。按钮可以制作成规则或不规则的精致美观外形，如图 6-3 所示。

图 6-3

6.4.3　弹出菜单形式的导航

由于网页的空间有限，为了能够节省页面的空间而又不影响网站导航更好地发挥作用，出现了弹出菜单形式的导航，如图 6-4 所示。

图 6-4

6.4.4　无边框形式的导航

无边框形式的导航将图标边框去除，使用多种不规则的图案或线条作为导航。在网站 UI 设计中，这种导航可以给人轻松自由的感觉，如图 6-5 所示。

图 6-5

6.4.5　HTML 动画形式

随着网络技术的不断发展和人们对时尚潮流的追求，网站导航的形式不断丰富起来，目前很多网页中使用了 HTML 动画形式的导航，这种导航形式适用于动感时尚的网页，如图 6-6 所示。

图 6-6

6.4.6　多导航系统形式的导航

多导航系统形式的导航多用于内容较多的网页中，导航内部可以采用多种形式进行表现，以丰富网页效果。每个导航的作用各不相同，不存在任何从属关系，如图 6-7 所示。

图 6-7

操作案例　绘制女装销售网站导航

本案例采用标准的导航布局方法，主导航位于页面的最底部，用户可以一眼看到页面的主要栏目，便于查找感兴趣的内容，如图 6-8 所示。

图 6-8

使用到的工具	图层样式、矩形工具、横排文字工具、圆角矩形工具、直线工具、自定义形状工具	扫码学习
视频地址	视频 \ 第 6 章 \ 绘制女装网站导航 .mp4	
源文件地址	源文件 \ 第 6 章 \ 绘制女装网站导航 .psd	

制作思路分析

网页中采用了三段式布局方式，主题清晰明确。将产品类别制作成按钮形式的导航，整个页面结构简单，内容丰富，同时又非常方便用户查找产品。主要导航位于整个页面的最底部，用户可以一眼看到，简单明确的分类将网站信息全面地呈现给用户。

色彩分析

以黑色为主色调，突显产品的层次和品位。同时使用白色图标和文字，与主色形成强烈对比，突出显示页面内容。棕色的加入又为产品增色不少，突显产品的健康、环保和舒适。同时，使用红色标注了重点内容，一目了然，如图 6-9 所示。

黑色　　　　　　　　　　　　　　棕色　　　　　　　　　　　　　红色

图 6-9

制作步骤

01 执行"文件 > 打开"命令，打开素材图像"素材 > 第 6 章 >74601.png"，如图 6-10 所示。选择"矩形工具"，在画布中绘制黑色的矩形，如图 6-11 所示。

图 6-10

图 6-11

02 单击"图层"面板底部的"添加图层样式"按钮，弹出"图层样式"对话框，在左侧窗格中勾选"外发光"选项，设置参数如图 6-12 所示。选择"矩形工具"，在画布中绘制白色的矩形，效果如图 6-13 所示。

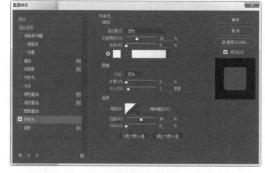

图 6-12

图 6-13

03 设置图层的"不透明度"为"20%"，图像效果如图 6-14 所示。选择"横排文字工具"，在画布中输入图 6-15 所示的文字。

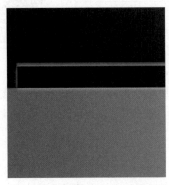

图 6-14 图 6-15

04 选择"圆角矩形工具"，设置圆角的"半径"为"5 像素"，在画布中绘制白色的圆角矩形，效果如图 6-16 所示。单击"图层"面板底部的"添加图层样式"按钮，弹出"图层样式"对话框，在左侧窗格中勾选"内阴影"选项，右侧窗格的参数设置如图 6-17 所示。

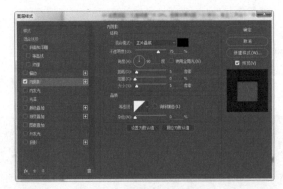

图 6-16 图 6-17

05 在左侧窗格勾选"投影"选项，参数设置如图 6-18 所示。用相同的方法完成相似内容的制作，效果如图 6-19 所示。

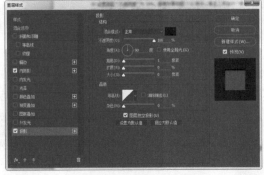

图 6-18 图 6-19

06 选择"矩形工具"，在画布中绘制白色的矩形，效果如图 6-20 所示。选择"自定义形状工具"，在画布中绘制黑色的形状，效果如图 6-21 所示。

07 选择"直线工具"，设置线条的"粗细"为"1 像素"，在画布中绘制白色的直线，效果如图 6-22 所示。单击"图层"面板底部的"添加图层样式"按钮，弹出"图层样式"对话框，在左侧窗格中勾选"图案叠加"

选项，右侧窗格的参数设置如图 6-23 所示。

图 6-20

图 6-21

图 6-22

图 6-23

08　设置图层的"不透明度"为"70%"，图像效果如图 6-24 所示。用相同的方法完成其他相似内容的制作，完成后的图像效果如图 6-25 所示。

图 6-24

图 6-25

6.5　网站导航的位置

　　网站导航如同启明灯，可以为用户的顺畅阅读提供指引。将网站导航放在什么位置才可以既不过多占用网页空间，又方便用户使用呢？这是优秀网站 UI 设计师必须考虑的问题。

导航元素的位置不仅会影响网站的整体视觉风格，而且关系到一个网站的品位及用户访问网站的便利程度，所以设计者应该根据网页的整体版式合理安排导航元素的位置。

6.5.1 布局在网页顶部

最初，网站制作技术发展并不成熟，因此网页的下载速度有很大的局限性。受浏览器属性的影响，通常情况下下载网页的相关信息内容都是从上往下的顺序，这就决定了将重要的网站信息放置于页面的顶部。

如今虽然下载速度已经不再是决定导航位置的重要因素，但是很多网站依然在使用顶部导航结构。这是因为顶部导航不仅可以省省网站页面的空间，而且符合人们长期以来的视觉习惯，以方便用户快速捕捉网页信息，引导用户使用网站，可见这是设计的立足点与吸引用户的表现。图 6-26 所示为布局在网页顶部的导航菜单。

图 6-26

在不同的情况下，顶部导航所起到的作用也是不同的。例如，在网站页面信息内容较多的情况下，顶部导航可以起到节省页面空间的作用。然而，当页面内容较少时，就不宜使用顶部导航布局结构，这样只会增加页面的空洞感。因此，网页设计师应根据整个页面的具体需要，合理而灵活地运用导航，以设计出更加符合大众审美标准的、具有欣赏性的、优秀的网页。

6.5.2 布局在网页底部

由于受显示器大小的限制，位于页面底部的导航并不会完全显示出来，除非用户的显示器足够大，或者网页的内容很少。为了追求更加多样化的网站页面布局形式，网页设计师有时会采用框架结构将导航固定在当前显示器所显示的页面底部。图 6-27 所示为导航菜单布局在网页底部的示例。

图 6-27

由于个人喜好不同，有些人并不喜欢使用框架结构对网页导航进行布局。然而，即便使用了框架结构，仍然会有许多问题需要解决，例如，打开网页的速度慢、更新时无法记忆当前网页信息仍需返回上层目录、用户在浏览页面时会有视觉上的不适进而增加了浏览页面的难度等。因此，底部导航是比较麻烦的布局结构，通常情况下，在网页中较少使用。

但是，这并不代表底部导航没有存在的意义，它本身有自己的优点。例如，底部导航对上面区域的限制因素比其他网页布局结构都要小，它还可以为网页标签、公司品牌留出足够的空间，如果用户浏览完整个页面，希望继续浏览下一个页面，那么他此时位于导航所在的页面底部位置更方便。这样就丰富了页面布局的形式。在进行网站 UI 设计时，网页设计师可以根据整个页面的布局需要灵活运用导航布局方式，设计出独特的、有创意的网页。图 6-28 所示为导航菜单布局在网页底部的示例。

图 6-28

6.5.3　布局在网页左侧

在网络技术发展初期，将导航布局在网页左侧也是很常用、很大众化的网页布局结构，它占用网页左侧的空间，较符合人们自左向右的浏览习惯。为了使网站导航更加醒目，更方便用户对页面进行了解，在进行左侧导航设计时，可以采用不规则的图形对导航形态进行设计，也可以运用鲜艳的色块作为背景与导航文字形成鲜明的对比。图 6-29 所示为导航菜单布局在网页左侧的效果示例。

图 6-29

导航是网站与用户沟通的最直接、最快速的工具。它具有较强的引导作用，可以有效避免因用户无方向性地浏览网页而带来的诸多不便。因此，在网站页面中，在不影响整体布局的同时，需要注重表现导航的突出性，即使网页左侧导航所采用的色彩及形态会影响右侧内容的表现也是没有关系的。因而，在网页设计中采用这种左侧导航的布局结构，可以不用考虑怎样更好地修饰网页内容区域或者构思新颖、独具创意方面的问题。

一般来说，左侧导航结构比较符合人们的视觉习惯，而且可以有效弥补因网页内容少而产生的网页空洞感。图 6-30 所示为导航菜单布局在网页左侧的效果示例。

图 6-30

　　采用不同的设计方法可以设计出不同风格的导航效果，在进行左侧导航设计时，应时刻考虑整个页面的协调性。

操作案例　绘制网站左侧导航

　　本案例将为页面设计一个位于左侧的快速导航，采用扁平化设计风格，通过合理地使用颜色，实现折纸风格的导航效果，如图 6-31 所示。

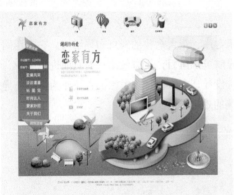

图 6-31

使用到的工具	图层样式、矩形工具、钢笔工具、横排文字工具、直线工具	扫码学习
视频地址	视频 \ 第 6 章 \ 绘制网站左侧导航 .mp4	
源文件地址	源文件 \ 第 6 章 \ 绘制网站左侧导航 .psd	

制作思路分析

　　在页面的左侧添加一个快速导航，可以方便用户快速找到其感兴趣的内容。同时，由于导航会出现在所有页面中，更加方便用户随时在页面中实现跳转。当页面过长时，快速导航会随着页面一起滚动，便于用户随时对其进行操作。

色彩分析

　　页面中以绿色为主色调，辅色采用蓝色，并以灰色和黄色作为点缀色，如图 6-32 所示。整个页面采用同色系搭配法，让人感觉清新、整齐。同时蓝色的导航在浅灰色的背景上清晰可见，便于用户及时查找内容。

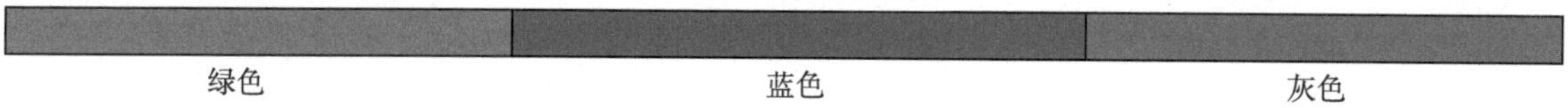

| 绿色 | 蓝色 | 灰色 |

图 6-32

制作步骤

01 执行"文件 > 打开"命令，打开素材图像"素材 > 第 6 章 >75301.png"，如图 6-33 所示。使用矩形工具在画布中绘制矩形，效果如图 6-34 所示。

图 6-33

图 6-34

02 执行"编辑 > 变换 > 斜切"命令调整图形，效果如图 6-35 所示。选择"钢笔工具"，在选项栏中选择"工具模式"为"形状"，在画布中绘制图 6-36 所示的形状。

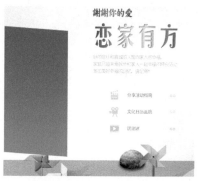
图 6-35

图 6-36

03 用相同的方法完成相似内容的制作，效果如图 6-37 所示。使用横排文字工具在画布中输入图 6-38 所示的文字。

图 6-37

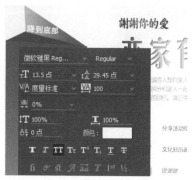
图 6-38

04 执行"编辑>自由变换"命令调整文字，效果如图6-39所示。用相同的方法完成其他文字的制作，如图6-40所示。

图 6-39　　　　　　　　　　　　　　　　　　　图 6-40

05 使用矩形工具在画布中绘制白色矩形，如图6-41所示。单击"图层"面板底部的"添加图层样式"按钮，弹出"图层样式"对话框，在左侧窗格中勾选"内阴影"选项，在右侧窗格中设置图6-42所示的参数。

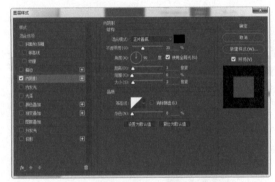

图 6-41　　　　　　　　　　　　　　　　　　　图 6-42

06 用相同的方法完成相似内容的制作，如图6-43所示。使用直线工具在画布中绘制"RGB（1,85,149）"颜色的直线，效果如图6-44所示。

图 6-43　　　　　　　　　　　　　　　　　　　图 6-44

07 使用直线工具在画布中绘制"RGB（3,129,197）"颜色的直线，效果如图6-45所示。将相关图层编组，并命名组为"分割线"，此时的"图层"面板如图6-46所示。

08 用相同的方法完成相似内容的制作，完成后的效果如图6-47所示，此时的"图层"面板如图6-48所示。

图 6-45

图 6-46

图 6-47

图 6-48

6.5.4　布局在网页右侧

随着网站制作技术的不断发展，导航的放置方式越来越多样化，将导航元素放置于页面的右侧也开始流行起来。由于人们的视觉习惯多是从左至右、从上至下，因此，这种方式会对用户快速进入浏览状态有不利的影响，在网站 UI 设计中，右侧导航使用的频率较低。图 6-49 所示为导航菜单布局在网页右侧的效果示例。

图 6-49

如果在网站页面中使用右侧导航结构，那么右侧导航所蕴含的网站性质和信息将不容易被用户注意到。相对其他导航结构而言，它会使用户感觉到不适、不方便。但是，在进行网站 UI 设计时，如果使用右侧导航结构，将会突破固定的网页布局结构，给用户耳目一新的感觉，从而让用户想更加全面地了解网页信息以及设计者采用这种导航结构的意图。采用右侧导航结构，可以丰富网站页面的形式，形成更加新颖的风格。图 6-50 所示为导航菜单布局在网页右侧的效果示例。

图 6-50

　　尽管有些人认为这种方式不会影响到用户快速进入浏览状态，但事实上，受阅读习惯的影响，网页中也不常出现右侧导航。

6.5.5　布局在网页中心

　　将导航布局在网站页面的中心位置，其主要目的是强调，而并非节省页面空间。将导航置于用户注意力的集中区域，有利于帮助他们更方便地浏览网页内容，而且可以增加页面的新颖感。图 6-51 所示为导航菜单布局在网页中心的效果示例。

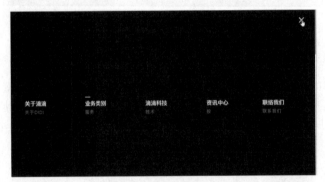

图 6-51

　　一般情况下，将网页的导航放置于页面的中心在传递信息的实用性上具有一定的缺陷，往往会给用户简洁、单一的视觉印象。但是，在进行网站 UI 设计时，设计者可以巧妙地将信息内容构架、特殊的效果、独特的创意结合起来，从而产生丰富的页面效果。图 6-52 所示为导航菜单布局在网页中心的效果示例。

图 6-52

6.6　网站导航的视觉风格

导航设计是网站 UI 设计的重点。在设计网站页面时往往先从网站导航入手，网站导航的视觉风格将决定整个网站页面的风格特征，所以在网站页面设计时要十分注重导航的设计。随着网页制作水平的不断提高，越来越多的网站导航风格涌现，但是导航的视觉风格表现一定要与整个网站的风格保持一定的协调性。

优秀的网站导航不仅可以方便用户浏览网页内容，在第一时间内给用户传达最直观的信息，而且其不同的视觉风格表现也会给用户的心理带来不同的感受。例如规矩的导航表达出沉稳，不规则的导航表达出节奏感与韵律美，另类的导航表达出新颖感，图标式的导航更加形象……总而言之，网站导航的视觉风格表现应与网站页面所体现的内容主题相一致。

6.6.1　规矩风格的导航

规矩风格的导航在网站页面中比较常见，其导航形式比较单一、整齐、简洁，能够给用户稳定、平静的视觉感受，而且可以使用户很直观地通过导航来了解所需内容，如图 6-53 所示。

图 6-53

6.6.2　另类风格的导航

由于人们对时尚的不断追求，越来越多另类风格的网站页面也随之出现。许多时尚动感类的网站多使用另类风格的导航，在达到较好的视觉效果的同时，可以有效吸引用户的注意力，如图 6-54 所示。

图 6-54

6.6.3　卡通风格的导航

卡通风格的导航能够给页面带来生机与活力，可以有效避免网页的单调与呆板。通常情况下，卡通风格的网站导航比较适用于儿童类的网站页面，可以更加完整地表达页面的内容主题，如图 6-55 所示。

图 6-55

6.6.4　醒目风格的导航

对导航元素运用鲜明的色彩、不规则的外形及特殊的效果等，可以使网站导航具有醒目的风格特征，从而可以丰富网站页面的效果，增加视觉特效。这种风格的网站导航不仅可以给用户带来视觉上的美感，而且可以给用户留下深刻的印象，如图 6-56 所示。

图 6-56

6.6.5　形象风格的导航

在网站页面中采用具有形象特征的导航元素，不仅可以丰富页面内容、增强网页的趣味感，而且可以给用户一目了然、耳目一新的感觉，如图 6-57 所示。

图 6-57

6.6.6　流动风格的导航

将线条或图形等辅助元素与导航元素组合，可以使网站导航具有流动风格的特征。设计者在进行网站 UI 设计时可以利用这一特征对用户的视线进行引导，使用户快速接收设计师所想传达的信息，如图 6-58 所示。

图 6-58

6.6.7　活跃风格的导航

在体育运动、音乐、娱乐等类型的网站页面中常会用到活跃风格的导航，它可以有效地辅助页面完整、快速地传达信息，增加页面的动态效果，如图 6-59 所示。

图 6-59

6.6.8　大气风格的导航

大气风格的导航在网站页面中也比较常用，它能够很好地与页面的整体风格相协调，而且可以节省页面空间，使页面更加整洁，更具阅读性。一般情况下，此类风格的网站导航多用于房地产、科技等类型的网站页面中，如图 6-60 所示。

图 6-60

6.6.9 古朴风格的导航

古朴风格的导航具有很浓厚的文化气息，典雅而有韵味，此类风格的导航多用于文化艺术类网站页面中，如图 6-61 所示。

图 6-61

操作案例 绘制精致导航条

本案例将设计制作一款精致的网站导航条，也会对导航条的交互方式进行规范设计，如图 6-62 所示。

图 6-62

使用到的工具	图层样式、矩形工具、横排文字工具、图角矩形工具	扫码学习
视频地址	视频 \ 第 6 章 \ 绘制精致导航条 .mp4	
源文件地址	源文件 \ 第 6 章 \ 绘制精致导航条 .psd	

制作思路分析

导航条上的选项在未被访问时，以深灰色背景和浅灰色文字显示；单击选项后，显示为黑色背景和白色文字。同时文字也由一般状态的宋体变为选中状态的黑体，主题更加明确。当需要添加下拉选项时，可以通过右侧的箭头图标来表现隐藏的内容。

色彩分析

页面中的背景为暗红色，导航采用深灰色作为主色，黑色作为辅助色，文字颜色选择了浅灰色，如图 6-63 所示，给人一种严谨可信的感觉，设计效果大气、规整，比较适合用在较为严肃的网站页面中，如科技网站、政府网站和法律网站等。

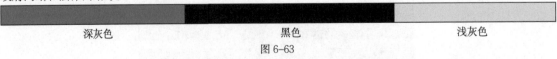

深灰色　　　　　　　　　黑色　　　　　　　　　浅灰色

图 6-63

制作步骤

01 执行"文件 > 新建"命令，设置参数如图 6-64 所示。复制"背景"图层，得到"背景 拷贝"图层。

单击"图层"面板底部的"添加图层样式"按钮，弹出"图层样式"对话框，在左侧窗格中勾选"内阴影"选项，在左侧窗格中设置参数如图 6-65 所示。

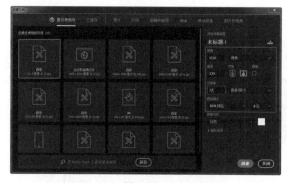

图 6-64

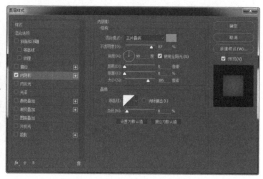

图 6-65

02 在左侧窗格中勾选"颜色叠加"选项，在右侧窗格中设置参数如图 6-66 所示。选择"圆角矩形工具"，设置圆角"半径"为"40 像素"，在画布中绘制任意颜色的圆角矩形，效果如图 6-67 所示。

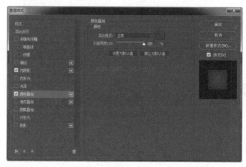

图 6-66

图 6-67

03 单击"图层"面板底部的"添加图层样式"按钮，弹出"图层样式"对话框，在左侧窗格中勾选"内阴影"选项，在右侧窗格中设置参数如图 6-68 所示；继续在左侧窗格中勾选"渐变叠加"选项，在右侧窗格中设置参数如图 6-69 所示。

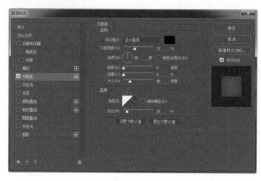

图 6-68

图 6-69

04 在左侧窗格中勾选"投影"选项，在右侧窗格中设置参数如图 6-70 所示。用相同的方法完成相似内容的制作，效果如图 6-71 所示。

05 执行"视图 > 标尺"命令，使用移动工具从水平标尺中拖出水平参考线，从垂直标尺中拖出垂直参考线，如图 6-72 所示。使用矩形工具在画布中绘制任意颜色的矩形，效果如图 6-73 所示。

06 单击"图层"面板底部的"添加图层样式"按钮，弹出"图层样式"对话框，在左侧窗格中勾选"内阴影"选项，在右侧窗格中设置参数如图 6-74 所示；继续在左侧窗格中勾选"颜色叠加"选项，在右侧窗格中设置参数如图 6-75 所示。

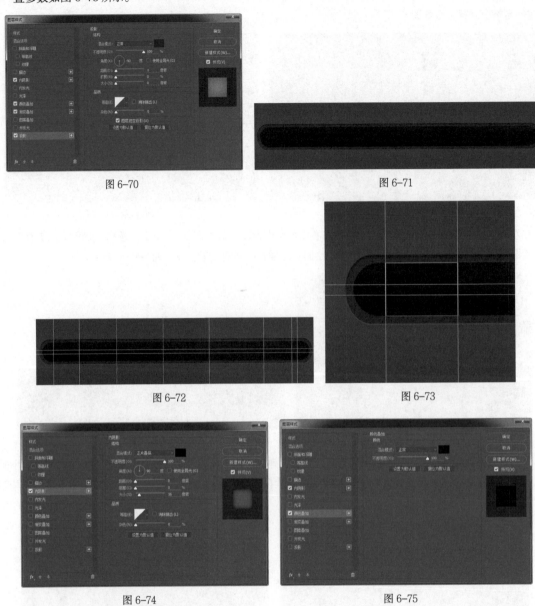

图 6-70   图 6-71

图 6-72   图 6-73

图 6-74   图 6-75

07 使用横排文字工具在画布中输入图 6-76 所示的文字。用相同的方法完成相似内容的输入，效果如图 6-77 所示。

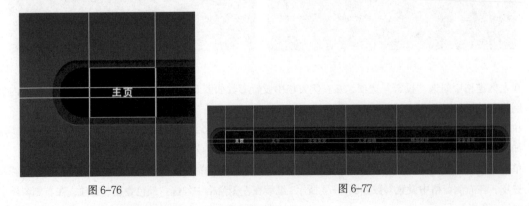

图 6-76   图 6-77

08　选择"圆角矩形工具"，设置圆角"半径"为"4 像素"，在画布中绘制"RGB（13,13,13）"颜色的圆角矩形，
　　效果如图 6-78 所示。单击"图层"面板底部的"添加图层样式"按钮，弹出"图层样式"对话框，在左
　　侧窗格中选择相应的选项，在右侧窗格中设置参数如图 6-79 所示。

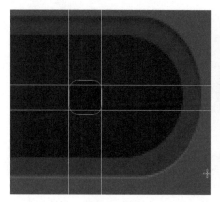
图 6-78

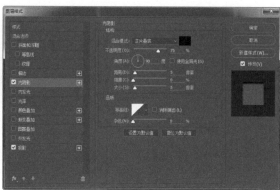
图 6-79

09　用相同的方法完成相似内容的制作，效果如图 6-80 所示。使用直线工具在画布中绘制黑色直线，效果如
　　图 6-81 所示。

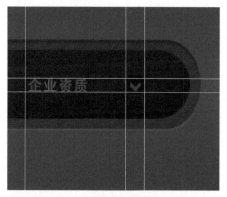
图 6-80

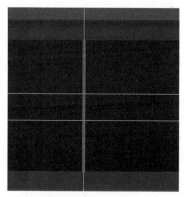
图 6-81

10　使用直线工具在画布中绘制"RGB（81,81,81）"颜色的直线，如图 6-82 所示。将相关图层编组，并命名
　　组为"分割线"，此时的"图层"面板如图 6-83 所示。

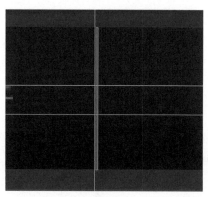
图 6-82

图 6-83

11　用相同的方法完成其他相似内容的制作，效果如图 6-84 所示。此时的"图层"面板如图 6-85 所示。

图 6-84   图 6-85

6.7 课堂提问

网站中的导航最好不要过于复杂，应当设计得尽量简单直观一些，让用户很容易就可以看明白。如何在保证清晰直白的同时又能引起用户的兴趣，这就需要设计者自己掌握了。

6.7.1 导航的设计原则

导航的重要性已经不言而喻，几乎每一个网站或软件中都有它的存在，但并不是所有的导航都设计得准确无误。坚持下面的设计原则，可以避免导航的设计出错。

1．要清晰可见

- 大屏幕中的导航不要太小。
- 把导航放在用户熟悉的位置。
- 让其中的链接看起来有互动感。
- 确保导航拥有足够的视觉吸引力。
- 其中的选项的颜色要与网站背景色对比鲜明。

2．要告知用户当前位置

成功的导航的一个最基本的标准是能让用户自己了解自己的当前位置，通常被勾选的菜单选项在视觉上与其他选项是有差异的。

3．要与用户任务一致

- 链接标签要容易阅读。
- 对大型网站来说，要让用户能够通过导航菜单预览子级内容。
- 为息息相关的内容提供本地导航。
- 有良好的视觉传达效果。

4．要易于操作

- 其中的选项要够大，方便单击。
- 确保下拉菜单不会太大或太小。
- 当页面内容很长时，可以考虑悬浮吸顶（或固底）菜单。
- 尽可能缩短导航中常用操作间的物理距离。

6.7.2 交互式动态导航的优势和劣势

交互式动态导航可以给用户带来新鲜感和愉悦感，但它并不是简单的鼠标移动效果。尽管交互式导航自身有许多优势，但不可忽略的是，导航存在的意义是增强实用性。在网页中采用交互式动态导航需要用户熟悉、了解和学习其具体使用方法，否则用户可能在使用过程中不能很快找到隐藏的导航，也就看不到相应的内容，从而降低用户体验。因此，设计者在设计交互式动态导航的同时还要设计诱导用户参与交互的操作。

6.8 本章小结

一名优秀的网站 UI 设计师应当充分认识到导航的设计精髓，那就是直观、简单、明了和新颖。只有方便用户的导航设计才是好的设计。读者通过对本章内容的学习，要理解网站导航设计的方法，通过案例的练习逐步提高网站导航设计水平。

第7章 网站文字与广告设计

网站作为一种全新的、为大众所熟悉和接受的媒体，正在逐步显示其特有的、深厚的广告价值空间。网站页面离不开文字和图片。文字在网站页面中的组织、安排及艺术处理非常重要，优秀的文字编排设计可以给用户带来美的视觉享受。本章将向读者介绍有关网站中文字和图片设计的相关知识，并通过案例的制作向读者演示网站中文字和图片的设计和表现方法。

7.1 文字编排设计的重要性

文字的编排设计主要包括字体的选择、字体的创造以及字体在网页中编排的艺术规律。文字的编排设计已经成为网页设计中的一种艺术手段和方法，它不仅能给用户美的感受，而且能直接影响用户的情绪、态度及看法，从而起到传递信息、树立形象、表达情感等作用。

图形和文字是平面设计的两大基本构成元素。在传达信息时，如果仅用图形来传达信息往往不能达到良好的传达效果，只有借助文字才能获得最有效的说明。在网站设计中也不例外，在图形图像、版式、色彩、动画等诸多构成要素中，文字可以有效地避免信息传达不明确或产生歧义，从而使用户能够方便、顺利、愉快地接收信息所要传达的主题内容。

文字不仅是语言信息的载体，还是一种具有视觉识别特征的符号。对文字进行图形化的艺术处理，不仅可以表达语言本身的含义，还可以以视觉形象的方式传递语言之外的信息。在网站设计中，文字的字体、规格以及编排形式是文字内容的辅助表达手段，通过图形化的处理，对文字本身含义进行延伸性阐述。与语言交流时的语气强弱、语速的缓急、面部表情及姿态一样，文字的视觉形态的大小、曲直、排列疏密整齐或凌乱都会给用户不同的感受。图7-1所示为网站页面中文字的设计表现示例。

图 7-1

7.2 网站中的文字设计要求

文字作为一种图形符号，设计者在处理文字造型的同时还需要遵循图形设计的基本原理，并对其进行合理运用，使其在网站 UI 设计中实现自身的价值，即提高信息的明确性和可读性，加强页面的艺术性和视觉感染力。

7.2.1 形式适合

文字的形式应与文字具体内容以及页面主题相适应，设计者应根据网站页面的主题内容、所传达的信息的具体含义和文字所处的环境来确定文字的字体、形态、色彩和表现形式以确保适合，如图7-2所示。

图 7-2

7.2.2 信息明确

传达外形特征、方便用户识别并保证信息准确地传达是文字的主要功能。文字的点画、横竖、圆弧等结构元素造成了文字本身含义的不可变性。所以在选择时需要格外注意，应在强调信息严格准确的情况下优先选取易于识别的文字。在进行字体创作时也需要保证形态的明确性，如图7-3所示。

图 7-3

7.2.3 容易阅读

通常情况下，过粗或者过细的文字常常需要用户花费更多的时间去识别，不利于用户顺畅浏览网站页面。在版式布局中，合理的文字排列与分布会使浏览变得极为顺畅，为文字搭配视觉适宜的色彩也能够加强页面的易读性，如图7-4所示。

图 7-4

7.2.4 表现美观

文字不仅可以通过自身形象的个性与风格给用户以美的感受，还可以增强页面的可欣赏性。文字形态的变化与统一、文字编排的节奏与韵律、文字体量的对比与和谐，都是达成美观性的表现手法，如图7-5所示。

图 7-5

7.2.5 创新表现手法

将文字与页面主题信息相配合并进行相应的形态变化，对文字进行创意性发挥，可以产生创造性的美感，进而达到加强页面整体设计效果的创意性，不仅能够快速吸引用户的注意力，而且可以给用户耳目一新的感觉，如图7-6所示。

图 7-6

> **提示**
>
> 文字不仅具有传达信息的功能，还可以使用户快速获取主题信息、易于阅读，甚至可以通过形态上的节奏与韵律给人以美的视觉享受，使页面内容与形式达到高度的统一，在实现良好的信息传达效果的基础上，不断适应大众的审美需求。

操作案例　设计网站标题文字

本案例将设计一款变形文字，将文字栅格化为图形，使用钢笔工具绘制相应的图形与文字相结合，从而达到文字变形的效果；再对变形后的文字进行相应的处理，使其更符合网站页面的整体风格，如图7-7所示。

图 7-7

使用到的工具	横排文字工具、钢笔工具、图层样式	扫码学习
视频地址	视频 \ 第 7 章 \ 设计网站标题文字 .mp4	
源文件地址	源文件 \ 第 7 章 \ 设计网站标题文字 .psd	

制作思路分析

变形文字是在网站页面和平面广告设计中经常使用的一种文字处理方法，通过图形与文字相结合达到文字变形的艺术效果；再添加相应的图层样式和素材，使其艺术效果更加突出，也更符合网站的风格。在本案例中还将介绍路径文字的创建方法，使得网站页面中的文字效果多变，整体风格也更加活泼。

色彩分析

在本案例中，部分文字使用橙色渐变和黄绿色渐变的变形效果与网站页面相搭配，突出变形文字的显示效果，同时突出主题，使网站的风格更加活泼，如图 7-8 所示。网站页面中的其他文字内容使用白色或蓝色的文字，与网站页面的整体色调相统一，使视觉效果更加和谐。

橙色	黄绿色	蓝色

图 7-8

制作步骤

01 执行"文件 > 打开"命令，打开图像文件"源文件 \ 第 7 章 \ 素材 \101.jpg"，如图 7-9 所示。选择"横排文字工具"，在"字符"面板中进行相关设置，在画布中输入文字，如图 7-10 所示。

图 7-9　　　　　　　　　　　　　　　　图 7-10

02 选中"假"文字，在"字符"面板中进行相应的参数设置，如图 7-11 所示。用相同的方法完成对其他文字的制作，效果如图 7-12 所示。

图 7-11　　　　　　　　　　　　　　　　　　图 7-12

　　除了可以在"字符"面板中对文字的相关属性进行设置外，还可以在选择"文字工具"的情况下，在选项栏中对文字的相关属性进行设置，但是"字符"面板相对于选项栏提供了更全面的字符属性设置。在此处主要是对文字的"大小"和"基线偏移"属性进行了设置。

03　执行"图层 > 栅格化 > 文字"命令，将文字图层栅格化，使用橡皮擦工具将文字部分笔触擦除，效果如图7-13 所示。新建"图层 1"图层，选择"钢笔工具"，在选项栏中设置"工具模式"为"路径"，在画布中绘制路径，如图 7-14 所示。

图 7-13　　　　　　　　　　　　　　　　　　图 7-14

　　在 Photoshop 中，使用文字工具输入的文字是矢量图形，其优点是可以无限放大而不会出现失真的现象，缺点是无法对其使用 Photoshop 中的滤镜和一些工具、命令。使用栅格化命令将文字栅格化，可以制作出更加丰富的效果。

04　按组合键 Ctrl+Enter，将路径转换为选区，将选区填充为白色，如图 7-15 所示。取消选区，将刚绘制的图形调整到合适的位置，如图 7-16 所示。

图 7-15　　　　　　　　　　　　　　　　　　图 7-16

选择"钢笔工具",在选项栏中设置"工具模式"为"路径",在画布中绘制路径。完成路径的绘制后,可以将路径转换为选区,创建矢量蒙版,也可以对其填充或描边,从而得到栅格化的图形。

05　同时选中"寒假感恩"图层和"图层 1"图层,将选中的图层合并,对其进行适当的旋转操作,效果如图 7-17 所示。为该图层添加"描边"图层样式,对相关选项进行设置,如图 7-18 所示。

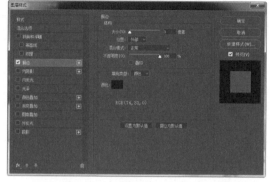

图 7-17　　　　　　　　　　　　　　　　　　　　图 7-18

06　为图层添加"渐变叠加"图层样式,对相关选项进行设置,如图 7-19 所示。再添加"投影"图层样式,对相关选项进行设置,如图 7-20 所示。

图 7-19　　　　　　　　　　　　　　　　　　　　图 7-20

07　单击"确定"按钮,完成图层样式的设置,效果如图 7-21 所示。打开图像文件"源文件 \ 第 7 章 \ 素材 \ 102.png",将其拖入当前文档并调整到合适的位置,效果如图 7-22 所示。

图 7-21　　　　　　　　　　　　　　　　　　　　图 7-22

08 将"图层 2"拖曳到"图层 1"下方，效果如图 7-23 所示。用相同的制作方法完成其他文字效果的制作，效果如图 7-24 所示。

图 7-23   图 7-24

09 使用钢笔工具在画布中绘制曲线路径，效果如图 7-25 所示。选择"横排文字工具"，在"字符"面板中进行相应设置，如图 7-26 所示。

图 7-25   图 7-26

10 将鼠标指针移至路径的一端，在路径上单击并沿路径输入文字，效果如图 7-27 所示。选中相应的文字，在"字符"面板中对字体进行设置，如图 7-28 所示。

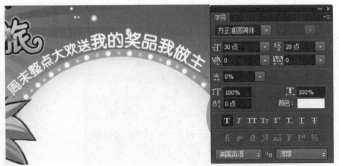

图 7-27   图 7-28

提示

　　路径文字是指创建在路径上的文字，文字会沿着路径进行排列，改变路径的形状时，文字的排列方式也会随之改变。用于排列文字的路径既可以是闭合的，也可以是开放的。

11 选中该文字图层，为其添加"描边"图层样式，对相关选项进行设置，如图 7-29 所示。单击"确定"按钮，完成图层样式的设置，效果如图 7-30 所示。

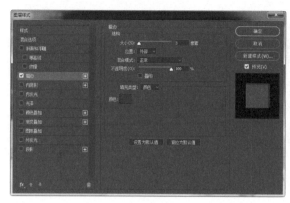

图 7-29　　　　　　　　　　　　　　　　　图 7-30

12 用相同的制作方法完成相似文字和图形的制作，效果如图 7-31 所示。新建名称为"确定选择"的图层组，选择"圆角矩形工具"，在选项栏中设置"工具模式"为"形状"，"半径"为"15 像素"，在画布中绘制任意颜色的圆角矩形，如图 7-32 所示。

图 7-31　　　　　　　　　　　　　　　　　图 7-32

13 为刚刚创建的形状图层添加"描边"图层样式，对相关选项进行设置，如图 7-33 所示。继续添加"渐变叠加"图层样式，对相关选项进行设置，如图 7-34 所示。

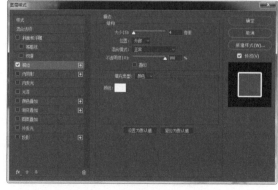

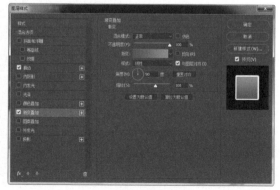

图 7-33　　　　　　　　　　　　　　　　　图 7-34

14 为图层添加"投影"图层样式，对相关选项进行设置，如图 7-35 所示。单击"确定"按钮，完成图层样式的设置，效果如图 7-36 所示。

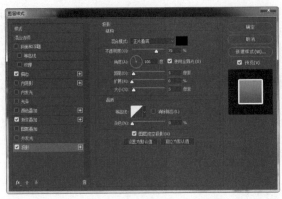

图 7-35   图 7-36

15 用相同的制作方法完成相似图形和文字的绘制，效果如图 7-37 所示。完成网站页面中其他按钮的制作，如图 7-38 所示。

图 7-37   图 7-38

16 该网站页面中变形文字效果的制作完成，效果如图 7-39 所示。

图 7-39

7.3 网站文字的排版设计

为了使网站页面效果更具感染力，文字的排版应当注重页面上下、左右空间和面积的设计。根据设计的目的选择适当的字体，运用对比、协调、节奏、韵律、比例、平衡及对称等形式法则构成特定的表现形式，以方便用户浏览和表现页面的形式美感。

7.3.1　对比形式法则

对比可以使网站页面产生空间美感，还可以突出网站页面的主题，使页面中的主要信息一目了然。主要的对比手法有以下几种。

1．大小对比

大小对比是文字组合的基础，大字能够给人以强有力的视觉感受，但其缺乏精细和纤巧感；小字精巧柔和，但是不能像大字那样给人以力量感。对大、小文字进行合理的搭配使用，可以有效地弥补它们各自的缺点，并可以产生生动活泼的对比关系。

大、小文字的对比幅度越大，越能突出它们各自的特征，大字越显刚劲有力，小字越显小巧精致；大、小文字的对比幅度越小，则越能给人一种舒畅、平和、安定的感觉，整体则会显得紧凑，对文字排版有较好的协调作用，如图 7-40 所示。

2．粗细对比

粗细对比是刚与柔的对比，粗字象征强壮、刚劲、沉默、厚重，细字则给人一种纤细、柔弱、活泼的感觉。在同一行文字中，运用粗细对比效果最为强烈。通常情况下，表现主题内容多使用粗字，在文字排版过程中，运用字体粗细比例的不同，可以产生不同的页面效果，页面中粗字少细字多，页面效果给人新颖明快的感觉；页面中细字少粗字多，页面效果给人大气正式的感觉，如图 7-41 所示。

图 7-40

图 7-41

3．明暗对比

明暗对比又称黑白对比，在色彩构图中也表现为明度高低的对比。如果网站页面中出现明暗文字对比，则可以使主题文字更加醒目、突出，给人以特殊的空间感。为了活跃网站气氛，避免千篇一律的单调形式，可以合理地安排明暗面积在页面中的比例关系，如图 7-42 所示。

图 7-42

4．疏密对比

疏密对比即文字群体之间以及文字与整体页面之间的对比关系。疏密对比也同样具有大小对比、明暗对比的效果，但是从疏密对比的关系中更能够清楚地看出设计者的设计意图。从网站页面的版式构成来看，紧凑的文字也可以和大面积的留白形成疏密对比，如图 7-43 所示。

图 7-43

5．主从对比

文字主要信息与次要信息以及标题性文字与说明性文字之间形成的对比称为主从对比。主从分明不仅能够突出主题，快速传达信息，而且使人一目了然，如图 7-44 所示。

图 7-44

网站页面中文字的主从关系是十分重要的，如果两者关系模糊不清，页面将会失去重点；反之，若主要信息过多或过强，也会使页面显得平淡无奇、没有生机。

6．综合对比

除了以上所介绍的几种对比手法，比较常见的还有自由随意与规整严谨、整齐与杂乱、曲线与直线、水平与垂直、尖锐与圆滑等。巧妙地在页面中综合使用多种对比手法，可以产生多样而复杂的变化，从而产生新颖的文字编排形式，如图 7-45 所示。

图 7-45

7.3.2　统一与协调

统一与协调是创造形式美的重要法则，优秀的网站页面中文字的运用能够给人以完整协调的视觉印象。

为了使页面中的元素能够更好地协调起来，通常采用同样的造型因素在页面中反复出现的方法，这样就可以铺垫整个页面的基调，使整个页面具有整体感与协调感。除了这种方法以外，还可以选用同一字族的不同字体，用相同的字距和行距，选用近似色彩和字号级数，并控制近似面积，这些都是实现网站页面统一协调的方法。如果造型元素本身就具有动感，还可以将各因素的运动方向设置为相同方向，或者添加一些辅助元素来增强页面的协调感，如图 7-46 所示。

图 7-46

7.3.3　平衡

平衡即合理地在网站页面中安排各个文字群和视觉元素。失去平衡的文字编排设计，将不能很好地得到用户的信赖，而且会给用户一种拙劣感。对称的文字编排形式是获得平衡的最基本的手段，但是这种形式平淡乏味、没有生命力和趣味性，一般情况下不建议采用。页面中的平衡要求的是一种动势上的平衡，通过巧妙的手法加强布局中较弱的一方是寻求文字排版设计平衡的最佳方法，如图 7-47 所示。

图 7-47

7.3.4　节奏与韵律

节奏与韵律本身就具有活跃的运动感，因此它是形成轻松活跃的形式美感的重要方法。反复地在网站页面中应用有特征的文字造型，并按照一定的规律进行排列，就会产生韵律感和节奏感。强调文字的韵律感和节奏感有利于网站页面的统一，如图 7-48 所示。

图 7-48

7.3.5 视觉诱导

为了达到顺畅传达信息的目的，在网站页面中对文字进行排版时，应该遵循视觉运动的法则，即先用一部分文字吸引住用户的视线，然后诱导用户依照设计者安排好的结构顺序进行浏览。

1．线的引导

用左右延伸的水平线、上下延伸的垂直线以及具有动感的斜线或弧线来引导视线，以线作为引导，方向既明确又肯定，如图 7-49 所示。

图 7-49

2．图形的引导

在网站页面中插入图形也可以起到视觉诱导的作用，将图形由大到小有节奏地排列，便可以形成视觉诱导。同时还可以在文字群体中穿插图形，这样不仅可以起到突出主题文字信息的作用，还可以引导用户的视线自然地转向说明性文字，如图 7-50 所示。

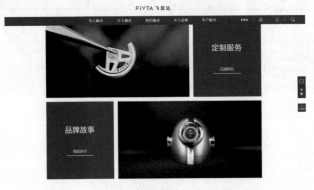

图 7-50

操作案例　设计网站页面立体标题

本案例将设计一款网站 3D 广告文字，使用 Photoshop 中的 3D 功能创建 3D 文字，并且对所创建的 3D 文字进行设置，从而使 3D 文字具有更强的表现力，如图 7-51 所示。

图 7-51

使用到的工具	横排文字工具、3D、图层样式	扫码学习
视频地址	视频 \ 第 7 章 \ 设计网站页面立体标题 .mp4	
源文件地址	源文件 \ 第 7 章 \ 设计网站页面立体标题 .psd	

制作思路分析

3D 文字效果在网站页面中也经常使用，用于表现网站的主题文字或广告促销文字等，具有很强的视觉表现力。本案例所创建的 3D 广告文字主要使用 Photoshop 中的 3D 功能将文字创建为 3D 对象，再为文字添加相应的图层样式，使 3D 文字效果的表现力更强，并且更加符合网站页面的风格。

色彩分析

该网站 3D 广告文字主要使用黄色系作为主体颜色，为 3D 文字应用浅黄色到黄色的渐变色，与背景的红色相搭配，表现欢乐、喜庆的氛围，如图 7-52 所示；应用一些白色的高光图形进行点缀，更使得 3D 广告文字栩栩如生。

黄色	洋红色	红色

图 7-52

制作步骤

01　打开素材图像文件"源文件 \ 第 7 章 \ 素材 \301.jpg"，如图 7-53 所示。新建名称为"主题文字"的图层组，选择"横排文字工具"，在"字符"面板中对相关选项进行设置，在画布中输入文字，如图 7-54 所示。

图 7-53

图 7-54

143

02 打开"3D"面板，对相关选项进行设置，单击"创建"按钮，将文字创建为 3D 对象，如图 7-55 所示，效果如图 7-56 所示。

图 7-55

图 7-56

03 单击选中画布中的 3D 对象，在"属性"面板中对相关选项进行设置，如图 7-57 所示。画布中 3D 对象的效果如图 7-58 所示。

图 7-57

图 7-58

提示

勾选"捕捉阴影"选项，可以显示 3D 对象的阴影效果。勾选"投影"选项，可以显示 3D 对象的投影效果。

04 复制 3D 对象图层，将复制得到的图层栅格化为普通图层，并隐藏 3D 对象图层，如图 7-59 所示。选择"横排文字工具"，在"字符"面板中对相关选项进行设置，在画布中输入文字，如图 7-60 所示。

图 7-59

图 7-60

将文字创建为 3D 对象后，3D 文字的边缘部分会出现锯齿，影响文字的显示效果。在 3D 文字的基础上再次输入相同的文字，从而使做出的文字的边缘更加平滑。

05　为该文字图层添加"描边"图层样式，对相关选项进行设置，如图 7-61 所示；继续添加"内发光"图层样式，对相关选项进行设置，如图 7-62 所示。

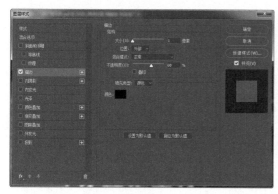
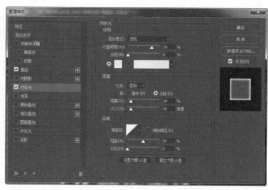

图 7-61　　　　　　　　　　　　　　　　　图 7-62

06　为文字图层添加"渐变叠加"图层样式，对相关选项进行设置，如图 7-63 所示。单击"确定"按钮，完成图层样式的设置，如图 7-64 所示。

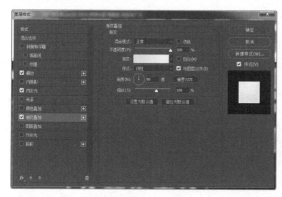

图 7-63　　　　　　　　　　　　　　　　　图 7-64

07　打开并拖入素材图像文件"源文件 \ 第 7 章 \ 素材 \302.jpg"，将其调整到合适的位置，如图 7-65 所示。载入文字图层选区，为"图层 1"图层添加图层蒙版，设置该图层的"混合模式"为"亮光"，"不透明度"为"50%"，如图 7-66 所示。

图 7-65　　　　　　　　　　　　　　　　　图 7-66

> **提示**
>
> 　　设置"混合模式"为"亮光"，如果当前图层中的像素比 50% 灰色亮，则可减小对比度使图像变亮；如果当前图层中的像素比 50% 灰色暗，则可增加对比度使图像变暗，该模式可以使混合后的颜色更加饱和。

08　复制"图层 1"图层得到"图层 1 拷贝"图层，如图 7-67 所示。选中 3D 对象栅格化后得到的图层，在该图层上方添加"亮度 / 对比度"调整图层，在"属性"面板中对相关选项进行设置，如图 7-68 所示。

图 7-67　　　　　　　　　　　　　　　　　　　　　图 7-68

09　为该"亮度 / 对比度"调整图层创建剪贴蒙版，如图 7-69 所示。同时选中 3D 对象栅格化得到的图层和"亮度 / 对比度"调整图层，按组合键 Ctrl+G 将其编组并重命名组为"立体投影"，如图 7-70 所示。

图 7-69　　　　　　　　　　　　　　　　　　　　　图 7-70

10　为"立体投影"图层组添加"颜色叠加"图层样式，对相关选项进行设置，如图 7-71 所示。单击"确定"按钮，完成图层样式的设置，如图 7-72 所示。

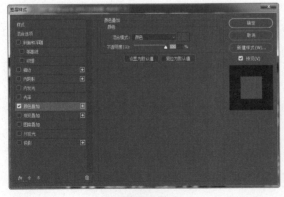

图 7-71　　　　　　　　　　　　　　　　　　　　　图 7-72

11 在"立体投影"图层组内新建"图层 2"图层，使用椭圆选框工具在画布中绘制椭圆选区，将选区填充为黑色，效果如图 7-73 所示。执行"滤镜 > 模糊 > 高斯模糊"命令，弹出"高斯模糊"对话框，其参数设置如图 7-74 所示。

图 7-73

图 7-74

12 单击"确定"按钮，完成"高斯模糊"滤镜的设置，设置该图层的"不透明度"为"80%"，效果如图 7-75 所示。在"主题文字"图层组上方新建名称为"立体三角形"的图层组，在其中新建"图层 3"图层，打开 3D 面板，对相关选项进行设置，如图 7-76 所示。

图 7-75

图 7-76

13 单击"创建"按钮创建 3D 三角形，效果如图 7-77 所示。在该 3D 对象上单击，选择"旋转 3D 对象工具"，将该 3D 对象分别沿 x 轴、y 轴和 z 轴进行旋转操作，效果如图 7-78 所示。

图 7-77

图 7-78

提示

　　将鼠标指针移动到锥尖下的旋转线段上，此时会出现旋转平面的黄色圆环，围绕 3D 轴中心沿顺时针或逆时针方向拖曳圆环即可旋转 3D 对象。

14 将鼠标指针移至缩放轴上，将该 3D 对象分别沿 *x* 轴、*y* 轴和 *z* 轴进行缩放操作，效果如图 7-79 所示。打开"属性"面板，对相关选项进行设置，如图 7-80 所示。

图 7-79

图 7-80

提示

　　如果需要沿轴压扁或拉长 3D 对象，可以将某个轴上的彩色立方体朝中心立方体拖动，或向远离中心立方体的位置拖动。将鼠标指针放在 3 个轴交叉的区域，3 个轴之间会出现一个黄色的图标，此时拖动即可对 3D 对象进行平均缩放操作。

15 复制该 3D 对象图层，将复制得到的图栅格化，并隐藏原 3D 对象图层，如图 7-81 所示。执行"图像 > 调整 > 亮度 / 对比度"命令，弹出"亮度 / 对比度"对话框，相关设置如图 7-82 所示。

图 7-81

图 7-82

16 单击"确定"按钮，按组合键 Ctrl+T，调整图像到合适的大小和位置，并将其旋转相应的角度，效果如图 7-83 所示。为该图层添加"颜色叠加"图层样式，对相关选项进行设置，如图 7-84 所示。

图 7-83

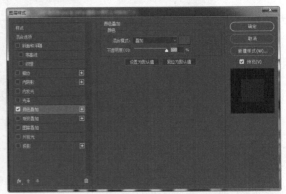

图 7-84

17 单击"确定"按钮，完成图层样式的设置，如图 7-85 所示。执行"滤镜 > 模糊 > 动感模糊"命令，弹出"动感模糊"对话框，相关参数设置如图 7-86 所示。

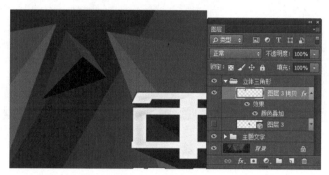

<table>
<tr><td>图 7-85</td><td>图 7-86</td></tr>
</table>

提示

使用"动感模糊"滤镜可以根据制作效果的需要沿指定方向按指定强度模糊图像，形成残影的效果。

18 单击"确定"按钮，应用"动感模糊"滤镜，效果如图 7-87 所示。复制该三角形，并分别将复制得到的三角形调整到不同的大小和位置，以丰富画面的效果，如图 7-88 所示。

<table>
<tr><td>图 7-87</td><td>图 7-88</td></tr>
</table>

19 用相同的制作方法完成其他图形和文字的制作，效果如图 7-89 所示。打开并拖入素材图像"源文件 \ 第 7 章 \ 素材 \303.jpg"，将其调整到合适的大小和位置，并旋转相应的角度，效果如图 7-90 所示。

<table>
<tr><td>图 7-89</td><td>图 7-90</td></tr>
</table>

20 设置该图层的"混合模式"为"滤色"，为该图层添加图层蒙版。选择"画笔工具"，设置"前景色"为黑色，选择合适的笔触，在图层蒙版中相应的位置涂抹，如图 7-91 所示。用相同的制作方法在文字相应的位置添加光影效果，效果如图 7-92 所示。

图 7-91

图 7-92

21 最终该网站 3D 广告文字效果的设计制作完成，效果如图 7-93 所示。

图 7-93

7.4 网站广告的特点

虽然网站广告的历史不长，但是其发展的速度却是飞快的。与其他媒体的广告相比，我国的网站广告市场还有一个相当大的上升空间。与此同时，网站广告的形式也发生了重要的变化，以前网站广告的主要形式还是普通的按钮广告，而近几年长横幅、大尺寸广告已经成为网站中最主要的广告形式，也是现今采用最多的网站广告形式，如图 7-94 所示。

图 7-94

网站广告之所以能够如此快速地发展，是因为网站具有许多电视、电台、报纸等传统媒体所无法实现的优点。

● 传播范围更加广泛。传统媒体有发布地域、发布时间的限制，相比之下，网站的传播范围极为广泛，只要具有上网条件，任何人在任何地点都可以随时浏览到广告信息。

- 富有创意，感官性强。传统媒体往往采用片面单一的表现形式，而网站以多媒体、超文本格式为载体，通过图形、文字、声音、影像传送多感官的信息，使受众能身临其境地感受商品或服务。

- 可以直达产品核心消费群。传统媒体的受众目标分散、不明确，相比之下，网站广告可以直达目标受众。

- 价格经济，更加节省成本。传统媒体的广告费用昂贵，而且发布后很难更改，即使更改也要付出很大的经济代价。网站媒体不但收费远远纸于传统媒体，而且可以按需要变更内容或改正错误，使广告成本大大降低。

- 具有较强的互动性，非强制性传送信息。传统媒体的受众只能被动地接受广告信息，而在网络上，受众是广告的主人，受众只会点击感兴趣的广告信息，而商家也可以在线随时获得大量的用户反馈信息，从而提高统计效率。

- 可以准确统计广告效果。传统媒体广告很难准确地知道有多少人接收到广告信息，而网站广告可以精确统计访问量，以及用户查阅的时间与地域分布。商家可以正确评估广告效果，制订广告策略，实现广告目的。

7.5 网站广告的常见类型

网站广告的形式多种多样，也经常会出现一些新的广告形式。就目前来看，网站广告的主要形式有以下几种。

7.5.1 文字广告

文字广告是最早出现的，也是最为常见的网站广告形式。网站文字广告的优点是直观、易懂、表达意思清楚，缺点是过于死板，不容易引起用户的注意，缺乏视觉冲击力，如图 7-95 所示。

在网站中还有一种文字广告形式，就是用户在搜索引擎中进行搜索时，搜索页的一侧会出现相应的文字链接广告，如图 7-96 所示。这种广告是根据用户输入的搜索关键词而变化的，好处就是可以根据用户的喜好提供相应的广告信息，这是其他广告形式难以做到的。

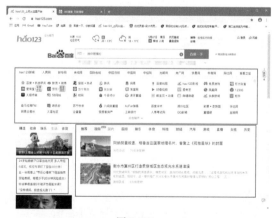

图 7-95

图 7-96

7.5.2 横幅广告

横幅广告主要是把 JPEG、GIF 或 HTML 建立的图像或动画文件定位在网页中，它们大多数用来表现广告内容，同时还可以使用 JavaScript 等语言使其具有交互性，是目前比较流行的一种网站广告形式，如图 7-97 所示。

还有一种横幅广告称为通栏广告，贯穿整个网站页面，这种广告形式也是目前比较流行的网站广告形式，它的优点是醒目、有冲击力，如图 7-98 所示。

图 7-97   图 7-98

7.5.3 对联广告

这种形式的网站广告一般应用在门户类网站中，普通的企业网站中很少运用。这种广告的特点是可以跟随用户对网页的浏览自动上下浮动，但不会左右移动，因为这种广告一般都是在网站页面的左右成对出现的，所以也称之为对联式浮动广告，如图 7-99 所示。

图 7-99

7.5.4 漂浮广告

漂浮广告也会随着用户对网页的浏览而移动位置，这种广告在网页上做不规则的漂浮，很多时候会妨碍用户正常浏览网页，优点是可以吸引用户的注意。目前，在网站页面中这种广告形式已经很少使用。

7.5.5 弹出广告

弹出广告是一种强制性的广告，不论用户喜欢还是不喜欢看，广告都会自动弹出来。目前大多数商业网站都有这种形式的广告，有些是纯商业广告，而有些则是发布的一些重要的消息或公告等，如图 7-100 所示。

图 7-100

操作案例　设计网站宣传广告

　　本案例将设计一款网站中常见的产品宣传广告，通过对背景颜色的处理来衬托产品，搭配相应的图标和文字说明，使得该产品的宣传广告简约、时尚、信息明确，如图 7-101 所示。

图 7-101

使用到的工具	横排文字工具、自定义形状工具、图层样式、画笔工具、钢笔工具、矩形选框工具	扫码学习
视频地址	视频 \ 第 7 章 \ 设计网站宣传广告 .mp4	
源文件地址	源文件 \ 第 7 章 \ 设计网站宣传广告 .psd	

制作思路分析

　　本案例所设计的网站产品宣传广告采用常规的表现方法，将产品图与文字介绍内容相结合，为产品图添加镜面投影效果，使产品图的表现更加立体，文字的排版采用大小对比的方式，为不同的文字应用相应的渐变颜色和投影效果，能让重要文字信息表现得更加清晰，让整个产品宣传广告给人时尚、清晰的感觉。

色彩分析

　　本案例的产品宣传广告使用黄色到橙色的渐变作为背景，会给人很强烈的视觉印象；搭配明度和纯度较高的白色和黄色文字，突出重点文字的表现效果；还设计了一个蓝色背景的图标，与背景形成强烈的对比，突出显示图标中的内容，整个广告的配色能让人感受到强烈的视觉冲击，如图 7-102 所示。

橙色	黄色	蓝色

图 7-102

制作步骤

01 执行"文件 > 新建"命令，新建一个空白文档，如图 7-103 所示。设置"前景色"为"RGB（138，29，0）"，按组合键 Alt+Delete，为画布填充前景色，效果如图 7-104 所示。

图 7-103　　　　　　　　　　　　　　　　　图 7-104

02 新建名称为"背景"的图层组，新建"图层 1"图层，选择"画笔工具"，设置"前景色"为"RGB（178，37，0）"，选择合适的笔触与大小，在画布中进行涂抹，如图 7-105 所示。新建"图层 2"图层，选择"画笔工具"，设置"前景色"为"RGB（255，53，0）"，选择合适的笔触与大小，在画布中进行涂抹，如图 7-106 所示。

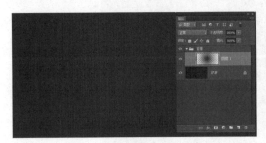 

图 7-105　　　　　　　　　　　　　　　　　图 7-106

03 新建"图层 3"图层，选择"画笔工具"，设置"前景色"为"RGB（255，108，0）"，选择合适的笔触与大小，在画布中进行涂抹，如图 7-107 所示。使用相同的制作方法完成其他相似图形的绘制，效果如图 7-108 所示。

图 7-107　　　　　　　　　　　　　　　　　图 7-108

> **提示**
>
> 　　使用画笔工具时，按键盘上的 [键或] 键可以减小或增大画笔的直径；按 Shift+[组合键或 Shift+] 组合键，可以减轻或加重具有柔边、实边的圆或画笔的硬度；按数字键可以调整画笔的不透明度；按 Shift+ 主键盘区域的数字键，可以调整画笔的流量。

04 选择"钢笔工具"，设置"工具模式"为"形状"，"填充"为"RGB（125，31，0）"，在画布中绘制形状，设置该图层的"不透明度"为"20%"，如图 7-109 所示。新建名称为"修饰"的图层组，选择"自定形状工具"，在选项栏中的"形状"下拉面板中选择合适的形状，在画布中绘制白色的形状，设置该图层的"不透明度"为"15%"，效果如图 7-110 所示。

图 7-109　　　　　　　　　　图 7-110

> **提示**
>
> 　　设置图层的"不透明度"选项可以控制该图层的整体不透明度，包括该图层的像素区域、形状以及为该图层所添加的图层样式的不透明度。

05　用相同的制作方法完成相似图形的绘制，如图 7-111 所示。新建名称为"产品"的图层组，在其中打开并拖入素材图像文件"素材 \ 第 7 章 \ 素材 \401.png"，效果如图 7-112 所示。

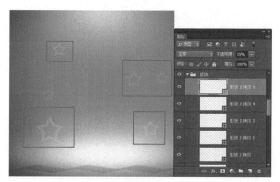

图 7-111　　　　　　　　　　图 7-112

06　使用矩形选框工具在图像中创建矩形选区，如图 7-113 所示。按组合键 Ctrl+C 复制选区中的图像，按组合键 Ctrl+V 粘贴图像，执行"编辑 > 变换 > 垂直翻转"命令，将粘贴的图像垂直翻转并向下移至合适的位置，效果如图 7-114 所示。

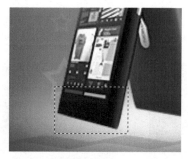

图 7-113　　　　　　　　　　图 7-114

07　执行"编辑 > 变换 > 斜切"命令，对图像进行斜切操作，效果如图 7-115 所示。为该图层添加图层蒙版，选择"画笔工具"，设置"前景色"为"黑色"，选择合适的笔触与大小，在图层蒙版中进行涂抹，设置该图层的"不透明度"为"50%"，效果如图 7-116 所示。

图 7-115   图 7-116

08 新建"图层 12"图层，使用矩形选框工具在画布中绘制矩形选区，将选区填充为黑色，执行"滤镜 > 模糊 >
高斯模糊"命令，弹出"高斯模糊"对话框，相关参数设置如图 7-117 所示。单击"确定"按钮应用滤镜，
调整该图形到合适的位置并对其进行旋转操作，设置该图层的"不透明度"为"80%"，效果如图 7-118 所示。

图 7-117   图 7-118

09 用相同的制作方法完成相似图形的绘制，效果如图 7-119 所示。添加"曲线"调整图层，在"属性"面板
中对曲线进行相应的设置，如图 7-120 所示。

图 7-119   图 7-120

10 选中"曲线 1"调整图层蒙版，载入"手机"图层选区，执行"选择 > 反向"命令反向选择选区，将选区填充为黑色，
如图 7-121 所示。为其添加"色阶"调整图层，在"属性"面板中对相关选项进行设置，如图 7-122 所示。

图 7-121   图 7-122

11　选中"色阶 1"调整图层蒙版，载入"手机"图层选区，执行"选择 > 反向"命令反向选择选区，将选区填充为黑色，如图 7-123 所示。为其添加"亮度 / 对比度"调整图层，在"属性"面板中对相关选项进行设置，如图 7-124 所示。

图 7-123图 7-124

12　选中"亮度 / 对比度 1"调整图层蒙版，载入"手机"图层选区，执行"选择 > 反向"命令反向选择选区，将选区填充为黑色，如图 7-125 所示。用相同的制作方法完成相似图像效果的制作，如图 7-126 所示。

图 7-125图 7-126

提示

　　添加"曲线""色阶""亮度 / 对比度"调整图层来调整产品的图像效果，可以使得产品图像的亮度和对比度更加强烈一些。

13　在"产品"图层组上方新建"图层 16"图层，将该图层填充为黑色，执行"滤镜 > 渲染 > 镜头光晕"命令，弹出"镜头光晕"对话框，相关参数设置如图 7-127 所示。单击"确定"按钮完成"镜头光晕"滤镜的设置，将图像调整到合适的位置，效果如图 7-128 所示。

图 7-127图 7-128

提示

　　"镜头光晕"滤镜用来表现玻璃、金属等反射的光，或用来增强日光和灯光的效果，可以模拟亮光照射到相机镜头所产生的折射。

14 设置该图层的"混合模式"为"线性减淡（添加）"，为该图层添加图层蒙版。选择"画笔工具"，设置"前景色"为"黑色"，选择合适的笔触与大小，在蒙版中进行涂抹，如图 7-129 所示。用相同的制作方法完成其他图形的绘制，如图 7-130 所示。

图 7-129　　　　　　　　　　　　　图 7-130

15 选择"多边形工具"，在选项栏中设置"边"为"16"，单击"设置"按钮，在弹出面板中对相关选项进行设置，在画布中绘制多角星形，效果如图 7-131 所示。为该图层添加"渐变叠加"图层样式，对相关选项进行设置，如图 7-132 所示。

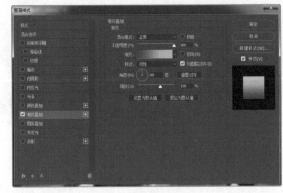

图 7-131　　　　　　　　　　　　　图 7-132

> **提示**
>
> 　　在使用多边形工具绘制多边形或星形时，只有勾选了多边形选项面板中的"星形"选项，才可以对"缩进边依据"和"平滑缩进"选项进行设置。默认情况下，"星形"选项未被勾选。

16 为图层添加"外发光"图层样式，对相关选项进行设置，如图 7-133 所示；继续添加"投影"图层样式，对相关选项进行设置，如图 7-134 所示。

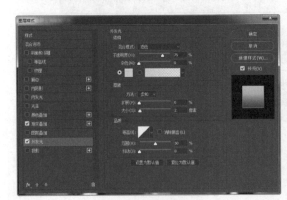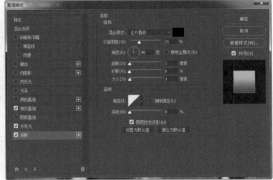

图 7-133　　　　　　　　　　　　　图 7-134

17 单击"确定"按钮,完成图层样式的设置,效果如图 7-135 所示。选择"横排文字工具",在"字符"面板中对相关选项进行设置,并在画布中输入相应的文字,如图 7-136 所示。

图 7-135

图 7-136

18 为该文字图层添加"投影"图层样式,对相关选项进行设置,如图 7-137 所示。用相同的制作方法完成该广告中其他文字效果的制作,该网站产品宣传广告的设计制作完成,最终效果如图 7-138 所示。

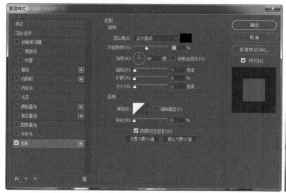

图 7-137

图 7-138

7.6 课堂提问

优秀的网站页面设计都十分注重文字和广告图片的设计,设计者可以通过巧妙的编排在变化中塑造视觉美感,以达到完美的网站页面效果,既可以提高用户的阅读兴趣,又可以使页面的主题信息快速有效地传递给用户。

7.6.1 文字排版设计在网站页面中起到的作用是什么

文字排版设计以信息高效传播为首要目的,快速传达信息是设计的根本原则,以文字表现为中心的编排设计是网站页面达成视觉信息传达功能的一个重要手段。

文字排版设计不仅具有传达功能，还具有表现情感的能力。文字的大小对比以及文字在网站页面中所产生的灰色值，都会让用户心理上或情感上产生愉快或压抑的反应。如果这种反应与文字所要表达的内容相一致，则会起到增强作品感染力的作用。

7.6.2　网站广告的表现形式有哪些

网站广告和传统广告一样，有一些制作的标准和设计的流程。网站广告在设计制作之前，需要根据客户的意图和要求将前期的调查信息加以分析综合，整理成完整的策划资料，它是网站广告设计制作的基础，是广告设计具体实施的依据。

由于每个人的设计理念不尽相同，因而很难去划分广告的具体尺寸设计标准。所以，目前对于广告尺寸并没有一个统一的标准，设计者在设计整体网站时，需要综合考虑网站页面的排版及位置，一旦确定了广告在网页中的位置和大小，以后在更换广告时就要根据确定好的广告尺寸进行设计制作。

目前网站广告最为常见的是静态图片广告、GIF 动画广告和 JavaScript 交互广告，使用的图片格式为 JPEG 等静态图像，动画主要有 GIF 和 Flash 动画两种，使用的技术主要是 JavaScript。

7.7　本章小结

设计者在设计网站页面时需要发挥个性化的优势，在网站文字和广告设计中不断创新，这样才能使网站页面的层次更高、效果更好，更能吸引用户的注意。本章向读者详细介绍了网站页面中文字与广告的设计表现方法，并通过案例的制作讲解，帮助读者尽快掌握网站页面中常见类型的文字和广告的制作方法和技巧。

第8章 PC端网站UI设计

不同的显示终端，决定了不同的设计规范。本章将对PC端网站UI设计进行讲解。通过学习，读者可以掌握PC端网页设计的基本规则和要求，从而设计出更符合PC端屏幕的作品。

8.1 PC端网站和移动端网站的不同

移动端网站UI与PC端网站UI，操作的媒介不同是一个很大的区别。很多人认为移动端页面无非是PC端页面的移植，功能设计照搬就行，这种认为是对移动端设计的一大误解。PC端与移动端有着很多不同，如表8-1所示。

表8-1

体现方式	PC端	移动端
操作方式	鼠标	手指点触
屏幕尺寸	相对较大	相对较小
网络环境	相对稳定	相对不稳定
传感器	不齐全	齐全
使用场景	局限	随时随地
迭代速度	相对较慢	相对较快
使用时间	持续化	碎片化

8.1.1 操作方式不同

PC端的操作方式与移动端有明显的差别，PC端使用鼠标操作，操作包含滑动、左击、右击、双击等，交互效果相对较少；而对移动端来说，包含手指点击、滑动、双击、双指放大、双指缩小、五指收缩和苹果最新的3D Touch按压力度，还可以配合传感器完成摇一摇等操作，根据这些丰富的操作可设计出吸引人的交互内容。

8.1.2 屏幕尺寸不同

随着时间的推移，移动端的设备屏幕逐渐增大，但是与PC端屏幕相比还有一定的差距。PC端屏幕大，视觉范围更广，可设计的地方更多，设计性更强，相对来说容错度更高一些，一些小的纰漏不容易被发现。移动端设备相对来说屏幕较小，操作局限性大，设计的可用空间显得尤为珍贵，在小小的屏幕上使用粗大的手指操作也需要在设计中避免原件过小或过近等问题。

8.1.3 网络环境不同

当下不管是移动端还是PC端都离不开网络。PC端设备连接网络更加稳定，而移动端在遇到信号问题导致网络环境不佳时可能会出现网速差甚至断网的问题。这就需要设计者充分考虑网络问题，设计更好的解决方案。

8.1.4 传感器不同

移动端设备完善的传感器是 PC 端设备望尘莫及的，压力、方向、重力、GPS、NFC、指纹识别、3D Touch、陀螺仪等。在设计中巧妙地使用传感器能给产品添姿加彩，就是因为这些传感器的存在人们的生活才能更加丰富多彩，如有了它们，用户才能统计每天走了多少步。

8.1.5 使用场景与使用时间不同

PC 端设备的使用场景多为家、学校或公司等一些固定的场景，所以其使用时间偏向于持续化，在一个特定的时间段内持续使用；而移动端设备不受局限，可以吃饭用、坐车用、无聊打发时间用、躺着用、坐着用，随时随地想用就用，所以使用时间更加灵活、更加碎片化，在操作上更偏向于短时间内可完成的。

8.1.6 软件迭代时间以及更新频次不同

用户可能很长时间没有更新 PC 端的软件，但移动端的软件却永远保持在最新状态。移动端的软件迭代时间较短，用户更新率较高，而 PC 端软件迭代时间较长，除非出于需要，用户一般不会主动更新软件。

> **提示**
>
> PC 端设备只要连接上电源就不用考虑续航问题，而移动端设备则需要考虑续航的问题。这些都要在 UI 设计中考虑到。

8.2 制作网站登录页面

本节将制作一个 PC 端的玻璃质感登录页面。通过制作登录页面来理解 PC 端网站 UI 设计要点和技巧，并掌握玻璃质感的表现方法，如图 8-1 所示。

图 8-1

制作思路分析

本案例将制作一个 PC 端网页的登录页面，页面尺寸要严格符合主流显示器的显示尺寸。页面采用写实风格，给人质朴、可信的感觉。页面中包括用户名、密码和用户头像等内容。为了便于用户查找使用，整个页面不宜太复杂，也不宜太花哨，简单明了，便于功能的实现，简洁大方即可。

登录页面是系统或网站的重要组成部分，不仅要设计得美观大方，更重要的是各个功能要合理，易于操作。登录页面的设计有以下几方面的要求。

- 在登录页面中一般会要求用户输入用户名和密码，文本框中应有提示信息。如要求输入邮箱等信息，需要让用户明白是部分输入还是全部输入。
- 用户忘记密码是常有的事，所以在登录页面中应该包含找回密码的功能入口。
- 如果用户名或密码输入有误，需要有提示信息。
- 登录页面需要包含"注册新用户"功能入口，但在视觉效果上应该弱于"登录"按钮，避免喧宾夺主。
- 登录页面应该支持快捷操作，如按 Enter 键直接登录，按 Tab 键切换到下一个文本框等。

色彩分析

本案例中的登录页面是透明的，下方的橙色按钮起到"点睛"作用，配上褐色的原木背景，整个登录页面显得大气稳重，极具亲和力。

| 橙色 | 白色 | 褐色 |

操作案例　设计登录页面背景

本案例将制作登录页面的背景效果，通过图层样式的设置来实现玻璃质感的页面效果，同时使用形状工具来完成光影质感的表现。

使用到的工具	形状工具、图层样式	扫码学习
视频地址	视频 \ 第 8 章 \ 设计登录页面背景 .mp4	
源文件地址	源文件 \ 第 8 章 \ 设计登录页面背景 .psd	

制作步骤

01 执行"文件 > 新建"命令，弹出"新建"对话框，新建一个空白文档，如图 8-2 所示。将外部木纹素材文件"素材 \ 第 8 章 \001.jpg"拖入设计文档中，并适当调整其位置和大小，如图 8-3 所示。

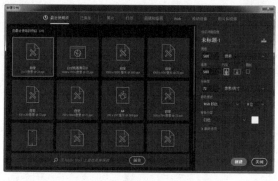
图 8-2

图 8-3

02 使用圆角矩形工具在画布中创建一个黑色的圆角矩形，效果如图 8-4 所示。双击该图层的缩览图，弹出"图层样式"对话框，在左侧窗格中勾选"斜面和浮雕"选项，在右侧的窗格中进行相应设置，如图 8-5 所示。
03 在左侧窗格中勾选"描边"选项，在右侧的窗格中并进行相应设置，如图 8-6 所示。在左侧窗格中勾选"内阴影"选项，在右侧的窗格中进行相应设置，如图 8-7 所示。

> **提示**
> 为了方便更改素材图像的尺寸，用户可以直接将素材拖曳到设计文档中，图像会以智能对象的形式被置入新的图层中。

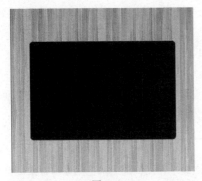

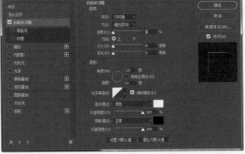

图 8-4

图 8-5

图 8-6

图 8-7

04 在左侧窗格中勾选"光泽"选项，在右侧窗格中进行相应设置，如图 8-8 所示。在左侧窗格中勾选"颜色叠加"选项，在右侧窗格中进行相应设置，如图 8-9 所示。

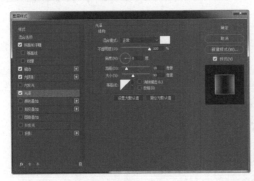

图 8-8

图 8-9

05 在左侧窗格中勾选"渐变叠加"选项，在右侧窗格中进行相应设置，如图 8-10 所示。在左侧窗格中勾选"图案叠加"选项，在右侧窗格中进行相应设置，如图 8-11 所示。

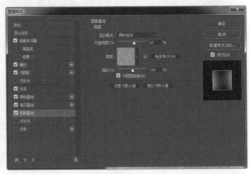

图 8-10

图 8-11

06 在左侧窗格中勾选"投影"选项，在右侧窗格中进行相应设置，如图 8-12 所示。设置完成后修改该图层"填充"为"0%"，效果如图 8-13 所示。

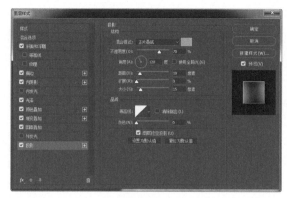 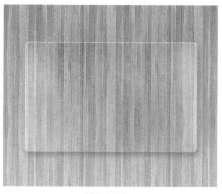

图 8-12　　　　　　　　　　　　　　　　图 8-13

07 新建"图层 2"图层，载入下方图层的选区，并按组合键 Ctrl+Shift+I 反转选区，使用白色柔边画笔轻轻涂抹出玻璃的外发光效果，效果如图 8-14 所示。反转选区，使用多边形套索工具创建图 8-15 所示的选区。

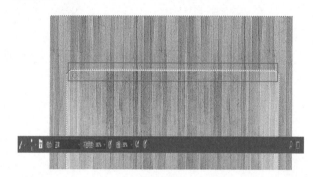 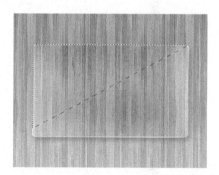

图 8-14　　　　　　　　　　　　　　　　图 8-15

提示

创建选区时，先在"多边形套索工具"的选项栏中设置选区的计算方式为"从选区减去"，然后框选不需要的选区部分即可。

08 新建"图层 3"图层，使用渐变工具为选区填充 20% 白色到 0% 白色的线性渐变，效果如图 8-16 所示。用相同方法制作出其他高光部分，效果如图 8-17 所示。

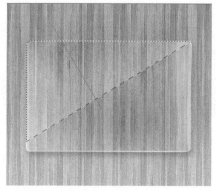 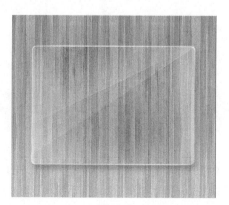

图 8-16　　　　　　　　　　　　　　　　图 8-17

09 使用椭圆工具在玻璃左上角创建一个任意颜色的正圆，效果如图 8-18 所示。双击该图层的缩览图，弹出"图层样式"对话框，在左侧窗格中勾选"描边"选项，在右侧窗格中进行相应设置，如图 8-19 所示。

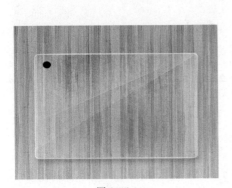

图 8-18

图 8-19

10 在左侧窗格中勾选"内阴影"选项，在右侧窗格中进行相应设置，如图 8-20 所示。在左侧窗格中勾选"渐变叠加"选项，在右侧窗格中进行相应设置，如图 8-21 所示。

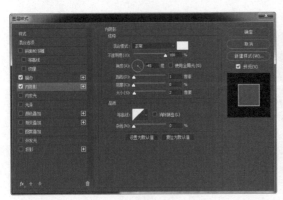

图 8-20

图 8-21

11 在左侧窗格中勾选"投影"选项，在右侧窗格中进行相应设置，如图 8-22 所示。将该图层复制 3 次，并将复制得到的图层分别放置到玻璃的四角，效果如图 8-23 所示。

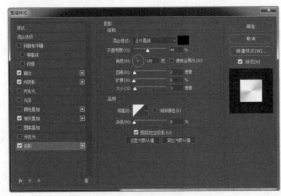

图 8-22

图 8-23

12 选中 4 个正圆，按组合键 Ctrl+G 将其编组，并重命名组为"钉子"；选中与玻璃相关的图层，按组合键 Ctrl+G 编组，并重命名组为"玻璃"，如图 8-24 所示。使用圆角矩形工具创建一个黑色的圆角矩形，效果如图 8-25 所示。

图 8-24　　　　　　　　　　　图 8-25

操作案例　设计登录页面标题

本案例主要制作登录页面的标题部分。这部分形状均用圆角矩形工具创建，配合不同的图层样式来体现质感。人物头像直接使用素材图像，文字也采用较为常规的字体和颜色，总体来说操作难度不大。

使用到的技术	剪贴蒙版、图层样式	扫码学习
视频地址	视频 \ 第 8 章 \ 设计登录页面标题 .mp4	
源文件地址	源文件 \ 第 8 章 \ 设计登录页面标题 .psd	

制作步骤

01 双击该图层的缩览图，弹出"图层样式"对话框，在左侧窗格中勾选"描边"选项，在右侧窗格中进行相应设置，如图 8-26 所示。在左侧窗格中勾选"内阴影"选项，在右侧窗格中进行相应设置，如图 8-27 所示。

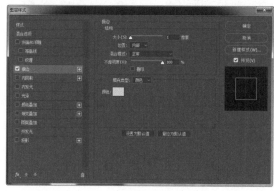
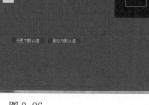

图 8-26　　　　　　　　　　　图 8-27

02 在左侧窗格中勾选"内发光"选项，在右侧窗格中进行相应设置，如图 8-28 所示。在左侧窗格中勾选"颜色叠加"选项，在右侧窗格中进行相应设置，如图 8-29 所示。

03 在左侧窗格中勾选"图案叠加"选项，在右侧窗格中进行相应设置，如图 8-30 所示。设置完成后修改该图层的"填充"为"0%"，效果如图 8-31 所示。

04 使用圆角矩形工具创建一个任意颜色的圆角矩形，效果如图 8-32 所示。双击该图层的缩览图，打开"图层样式"对话框，在左侧窗格中勾选"描边"选项，在右侧窗格中进行相应设置，如图 8-33 所示。

05 在左侧窗格中勾选"投影"选项，在右侧窗格中进行相应设置，如图 8-34 所示。设置完成后单击"确定"按钮，即可得到图 8-35 所示的图形效果。

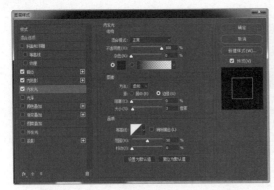

图 8-28

图 8-29

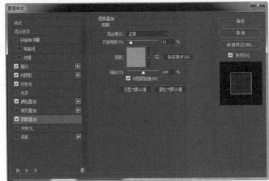

图 8-30

图 8-31

图 8-32

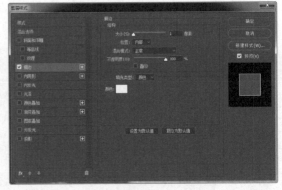

图 8-33

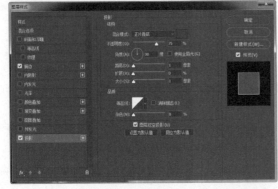

图 8-34

图 8-35

06 拖入外部素材文件"002.jpg",将其移动到合适的位置,并按组合键 Ctrl+Alt+G 为创建剪贴蒙版,如图 8-36 所示。打开"字符"面板并进行相应设置,使用横排文字工具输入相应的文字,如图 8-37 所示。

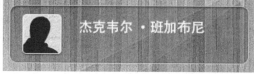

图 8-36

图 8-37

07 用相同的方法添加并设置其他文字,如图 8-38 所示。在"图层"面板中选中相关图层,按组合键 Ctrl+G 进行编组,并将其重命名为"标头",如图 8-39 所示。

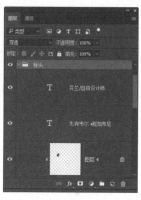

图 8-38

图 8-39

操作案例 设计登录页面按钮和文本框

　　本案例主要制作导航中的文本框和按钮。文本框的制作方法与标头类似,都是用圆角矩形工具和图层样式进行设置。按钮的制作方法稍显复杂,除了添加常规的图层样式之外,个别按钮还需要使用画笔工具配合处理高光,需要耐心操作。

使用到的工具	形状工具、横排文字工具、图层样式	扫码学习
视频地址	视频 \ 第 8 章 \ 设计登录页面按钮和文本框 .mp4	
源文件地址	源文件 \ 第 8 章 \ 设计登录页面按钮和文本框 .psd	

制作步骤

01 使用圆角矩形工具创建一个白色的圆角矩形,效果如图 8-40 所示。双击该图层的缩览图,弹出"图层样式"对话框,在左侧窗格中勾选"描边"选项,在右侧窗格中进行相应设置,如图 8-41 所示。

02 在左侧窗格中勾选"内发光"选项,在右侧窗格中进行相应设置,如图 8-42 所示。在左侧窗格中勾选"渐变叠加"选项,设置相应的参数值,如图 8-43 所示。

03 设置完成后单击"确定"按钮,得到图 8-44 所示的按钮效果。使用画笔工具配合矩形选框工具进一步强化按钮的高光和阴影,效果如图 8-45 所示,此时的"图层"面板如图 8-46 所示。

图 8-40

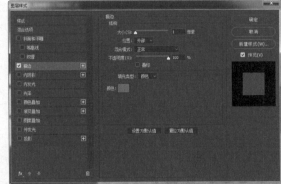

图 8-41

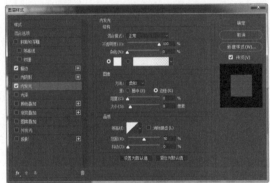

图 8-42

图 8-43

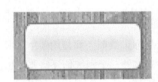

图 8-44

图 8-45

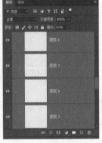

图 8-46

04 在"字符"面板中进行相应设置，并使用横排文字工具输入文字，如图 8-47 和图 8-48 所示。打开"图层
样式"对话框，在左侧窗格中勾选"渐变叠加"选项，在右侧窗格中进行设置，如图 8-49 所示。

图 8-47

图 8-48

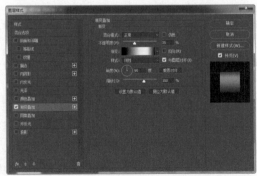

图 8-49

05 在左侧窗格中勾选 "外发光" 选项并在右侧窗格中进行设置，如图 8-50 所示。设置完成后单击 "确定" 按钮，得到文字效果如图 8-51 所示。

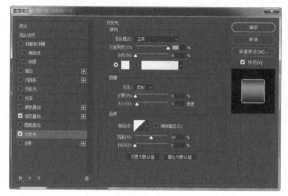

图 8-50

图 8-51

06 制作透明文本框，如图 8-52 所示。在 "图层" 面板中选中相应的图层，按组合键 Ctrl+G 将其编组，并重命名组为 "用户名"，如图 8-53 所示。

图 8-52

图 8-53

07 复制 "用户名" 图层组，将其移动到合适的位置，并修改按钮上的文字为 "密码"，在按钮右侧制作一个透明文本框，如图 8-54 所示。使用前面讲解过的方法制作另一个透明文本框，效果如图 8-55 所示。

图 8-54

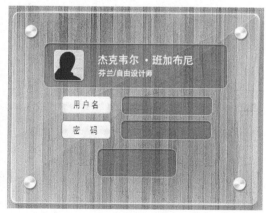

图 8-55

08 使用圆角矩形工具在画布中创建一个任意颜色的圆角矩形（"半径" 为 "10 像素"），如图 8-56 所示。双击该图层的缩览图，弹出 "图层样式" 对话框，在左侧窗格中勾选 "斜面和浮雕" 选项并在右侧窗格中进行相应设置，如图 8-57 所示。

图 8-56

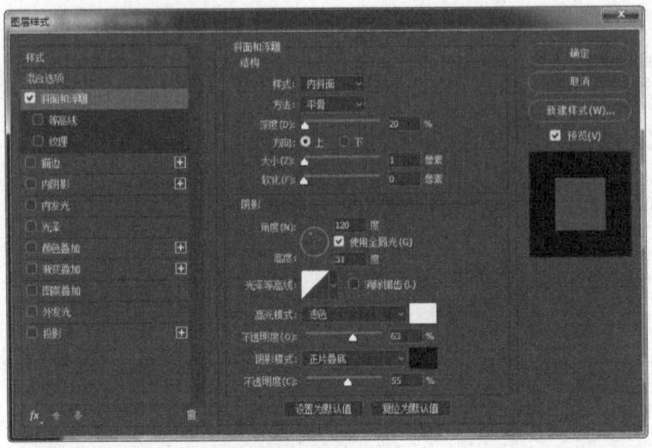

图 8-57

09 在左侧窗格中勾选"描边"选项，在右侧窗格中进行相应设置，如图 8-58 所示。在左侧窗格中勾选"内发光"
选项，在右侧窗格中进行相应设置，如图 8-59 所示。

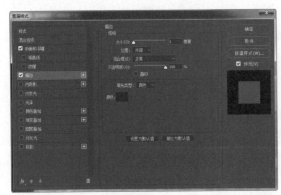

图 8-58

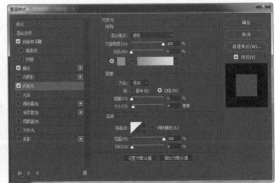

图 8-59

10 在左侧窗格中勾选"光泽"选项并在右侧窗格中进行相应设置，如图 8-60 所示。在左侧窗格中勾选"渐
变叠加"选项并在右侧窗格中进行相应设置，如图 8-61 所示。

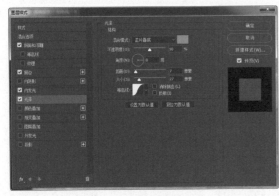

图 8-60

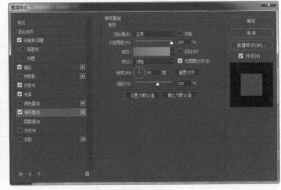

图 8-61

11 在左侧窗格中勾选"投影"选项，在右侧窗格中进行相应设置，如图 8-62 所示。设置完成后单击"确定"
按钮，得到图 8-63 所示的按钮效果。

12 打开"字符"面板，对文字属性进行设置，如图 8-64 所示。使用横排文字工具在按钮上输入相应的文字
内容，如图 8-65 所示。

13 双击该文字图层的缩览图，弹出"图层样式"对话框，在左侧窗格中勾选"投影"选项并在右侧窗格中进行
相应设置，如图 8-66 所示。设置完成后单击"确定"按钮，得到图 8-67 所示的文字效果。

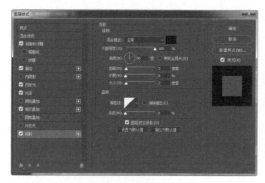

图 8-62

图 8-63

图 8-64

图 8-65

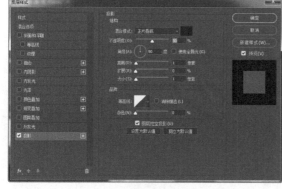

图 8-66

图 8-67

14 在"图层"面板选中相关的图层，按组合键 Ctrl+G 进行编组，并将其重命名为"登录"，如图 8-68 所示。
至此，登录页面的全部操作完成，最终效果如图 8-69 所示。

图 8-68

图 8-69

提示

　　在 Photoshop 中，用户可以像操作图层一样操作图层组，例如为其添加蒙版、添加"图层样式"、设置"混合模式"等。

操作案例　页面切图输出

　　本案例主要对登录页面进行切片存储。导入的两张外部素材图片需要单独切出，半透明的玻璃可以整块切出，页面中的一些重复元素只需切出一份即可，如钉子、文本框和白色按钮。切图过程中请注意配合参考线精确定位各个元素。

使用到的工具	横排文字工具、创建辅助线、存储为 Web 所用格式	扫码学习
视频地址	视频 \ 第 8 章 \ 页面切图输出 .mp4	
源文件地址	源文件 \ 第 8 章 \ 页面切图输出 .psd	

　　制作步骤

01　隐藏木纹背景之外的所有图层，按组合键 Ctrl+A 全选画布，然后执行"编辑 > 选择性拷贝 > 合并拷贝"命令，如图 8-70 所示。执行"文件 > 新建"命令，弹出"新建"对话框，如图 8-71 所示。

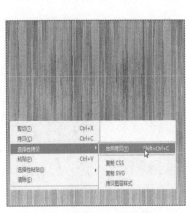

图 8-70

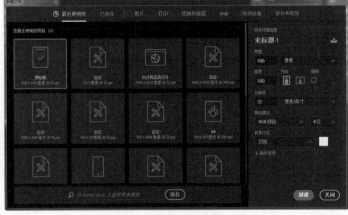

图 8-71

02　单击"创建"按钮新建文档，并按组合键 Ctrl+V 粘贴图像，如图 8-72 所示。执行"文件 > 导出 > 存储为 Web 所用格式"（旧版）命令，在弹出的"存储为 Web 所用格式"对话框中适当优化图像，如图 8-73 所示。

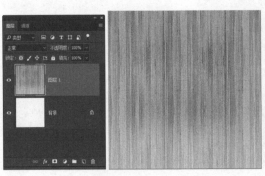

图 8-72

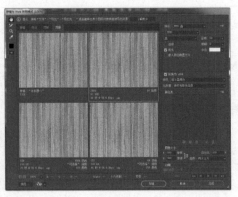

图 8-73

03 隐藏玻璃之外的所有图层，执行"图像 > 裁切"命令，弹出"裁切"对话框，相关设置如图 8-74 所示。
单击"确定"按钮裁掉多余的透明像素，效果如图 8-75 所示。

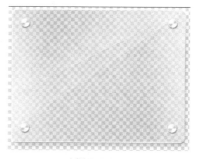

图 8-74　　　　　　　　　　　　　　　　　图 8-75

04 按组合键 Ctrl+Shift+Alt+E 盖印图层，执行"存储为 Web 所用格式"命令对图像进行优化，如图 8-76 所示。
优化完成后单击"存储"按钮，弹出"将优化结果存储为"对话框，指定"文件名"为"glass"，然后单击"保
存"按钮存储图像，如图 8-77 所示。

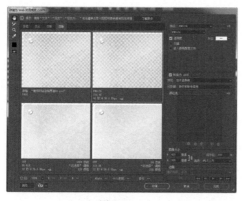

图 8-76　　　　　　　　　　　　　　　　　图 8-77

05 显示钉子图形和"背景"图层，在钉子四边创建参考线，使用矩形选框工具沿着参考线精确创建选区，并
合并复制图像，效果如图 8-78 所示。创建一个新文档，将任意一个钉子拖入其中，并对其进行优化存储，
如图 8-79 所示。

图 8-78　　　　　　　　　　图 8-79

提示

　　该页面中钉子带有投影效果，为了不丢失任何像素，请将视图放大至足够看清每个像素。操作时显示白色背景而
不是木纹背景也是为了更精确地查看投影范围，白底更利于对黑色物体的观察。

06 显示"标头"图层组，按住 Ctrl 键单击"圆角矩形 2"图层的缩览图以载入选区，合并复制图像，如图 8-80
所示。新建文档，直接将"圆角矩形 2"图层拖入其中，并将其优化存储，效果如图 8-81 所示。

图 8-80   图 8-81

07 在人物照片四边创建参考线，使用矩形选框工具沿着参考线创建选区，合并复制图像，如图 8-82 所示。创建新文档，将"圆角矩形 3"图层和"图层 4"图层拖入其中，并将其优化存储，效果如图 8-83 所示。

> **提示**
>
> 除了直接拖曳相应图层到新文档之外，用户也可以在原始文档中隐藏所有无关的图层，将其合并复制到新文档中，这样也可以得到透底图像。

08 显示"用户名"图层组，按住 Ctrl 键单击"圆角矩形 4"图层的缩览图以载入选区，合并复制图像，如图 8-84 所示。新建文档，拖入与按钮相关的图层（不包含文字），并将其优化存储，效果如图 8-85 所示。

图 8-82   图 8-83   图 8-84   图 8-85

> **提示**
>
> 从载入的选区可以看出，该按钮是从外部描边的，宽度为 1 像素，所以合并复制图像并新建文档时，需要分别将"宽度"和"高度"增加 2 像素。若形状从内部描边，就可以直接载入选区进行操作，而不必重新创建选区。

09 用相同的方法在页面中创建其他切片，最终效果如图 8-86 所示。

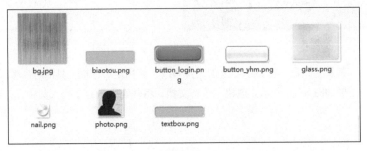

图 8-86

> **小技巧**
>
> 渐变色的使用在网站 UI 设计中极为常见，Photoshop 中几乎随处可见渐变色的身影，下面介绍实现半透明渐变色的操作方法。
>
> 若要实现半透明的渐变效果，如本例中玻璃的高光，不一定非要设置半透明的渐变色或调整图层"不透明度"，只需在"渐变工具"的选项栏中设置渐变不透明度即可，这样不仅直观，而且可以简化操作。

8.3 制作时尚简洁的电子商务网站页面

本案例制作一个 PC 端的电子商务网站。网站页面采用传统的上下结构，页面主题明确，效果简洁大方，如图 8-87 所示。

图 8-87

制作思路分析

本案例用一张大产品图将整个页面分割成几部分，整个页面结构简单，突出产品主题。同时，清晰的导航条信息，有助于用户快速找到感兴趣的内容。

色彩分析

该网页的主要色调为青色、浅灰色和白色，显得极为简洁清爽，如图 8-88 所示。页面中最吸引人的部分就是背景图中菱形的画框和各种 3D 效果的方块、楼梯，它们给平淡的页面增添了灵动时尚的感觉。

青色	灰色	白色

图 8-88

操作案例　设计导航与索引菜单

本案例的导航位于页面顶部，便于用户查找。同时在页面的右上角位置添加了快速访问选项栏，用于放置常用的选项。导航与索引菜单相互呼应，在丰富页面内容的同时，又有助于用户浏览。

使用到的工具	创建辅助线、横排文字工具、图层样式	扫码学习
视频地址	视频 \ 第 8 章 \ 设计导航与索引菜单 .mp4	
源文件地址	源文件 \ 第 8 章 \ 设计导航与索引菜单 .psd	

制作步骤

01 执行"文件 > 新建"命令，弹出"新建文档"对话框，新建一个空白文档，如图 8-89 所示。执行"视图 > 新建参考线"命令，弹出"新建参考线"对话框，在文档中创建一条垂直参考线，如图 8-90 所示。

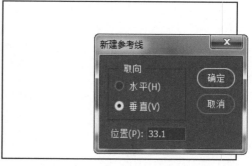

图 8-89　　　　　　　　　　　　　　　　　图 8-90

02 选择"圆角矩形工具"，根据参考线的位置在画布中创建一个任意颜色的圆角矩形，效果如图 8-91 所示。双击该图层的缩览图，弹出"图层样式"对话框，在左侧窗格中勾选"渐变叠加"选项，在右侧窗格中进行相应设置，如图 8-92 所示。

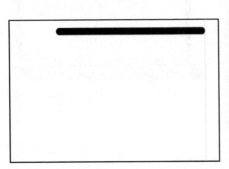

图 8-91

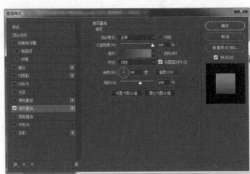

图 8-92

03 设置完成后单击"确定"按钮，图形效果如图 8-93 所示。载入下方图层的选区并新建图层，使用颜色略深的画笔适当涂暗导航左端，如图 8-94 所示。

图 8-93

图 8-94

04 打开"字符"面板，在其中进行相应设置，使用横排文本工具在导航中输入文字，如图 8-95 所示。选中相关的图层，按组合键 Ctrl+G 编组，并将其重命名为"导航"，如图 8-96 所示。

图 8-95

图 8-96

05 使用圆角矩形工具在导航右上方创建一个半径为 2 像素、颜色任意的圆角矩形，如图 8-97 所示。双击该图层的缩览图，弹出"图层样式"对话框，在左侧窗格中勾选"渐变叠加"选项，在右侧窗格中进行相应设置，如图 8-98 所示。

图 8-97

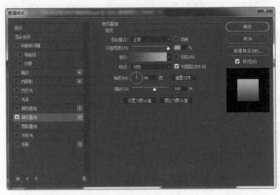

图 8-98

06 设置完成后单击"确定"按钮，可以看到图 8-99 所示的按钮效果。打开"字符"面板，在其中进行相应设置，如图 8-100 所示。使用横排文本工具在按钮中输入相应的文字，如图 8-101 所示。

图 8-99　　　　　　　　　　图 8-100　　　　　　　　　　图 8-101

07 使用横排文本工具在适当位置输入文字，然后在"字符"面板中修改字符的属性，"颜色"为"RGB（123，122，122）"，如图 8-102 和图 8-103 所示。

图 8-102　　　　　　　　　　图 8-103

操作案例　设计网站页面背景

本案例主要制作电子商务网站的背景部分。该网站的背景样式比较独特，与页面中的其他元素关联比较紧密，所以制作时需要随时添加参考线帮助定位。背景中使用的素材比较多，要格外注意每个元素摆放的位置和大小。

使用到的工具	形状工具、图层样式	扫码学习
视频地址	视频\第 8 章\设计网站页面背景 .mp4	
源文件地址	源文件\第 8 章\设计登录网站页面背景 .psd	

制作步骤

01 选中相关的图层，按组合键 Ctrl+G 进行编组，并将其重命名为"索引菜单"，如图 8-104 所示。在"背景"图层上方新建"图层 2"图层，使用矩形工具创建一个白色的矩形，效果如图 8-105 所示。

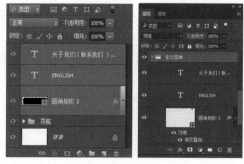

图 8-104　　　　　　　　　　图 8-105

02 拖入外部素材文件"素材\第8章\009.jpg"，适当调整其位置和大小，并为其创建剪贴蒙版，效果如图 8-106 所示。为该图层添加图层蒙版，将其下半部分隐藏，如图 8-107 所示。

图 8-106

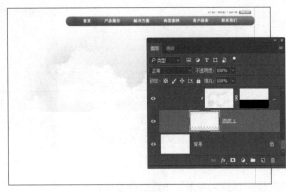

图 8-107

03 新建"图层 4"图层，使用矩形选框工具创建一个选区，并使用渐变工具将选区填充为黑白线性渐变，效果如图 8-108 所示。选中"图层 2"至"图层 4"图层，按组合键 Ctrl+G 进行编组，并将其重命名为"背景"，如图 8-109 所示。

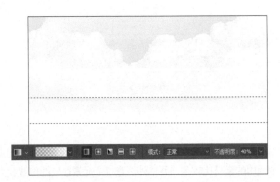

图 8-108

图 8-109

> **提示**
>
> 这个半透明渐变两端是渐隐的，使用渐变工具填充渐变色后，请使用橡皮擦工具或图层蒙版进行处理。

04 使用圆角矩形工具在画布中创建一个填充为"RGB（17，90，109）"的圆角矩形，并将其适当旋转，效果如图 8-110 所示。双击该图层的缩览图，弹出"图层样式"对话框，在左侧窗格中勾选"斜面和浮雕"选项，在右侧窗格中进行设置，如图 8-111 所示。

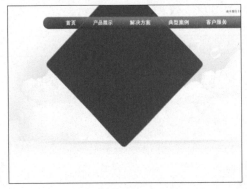

图 8-110

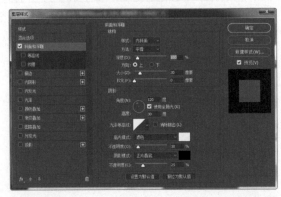

图 8-111

05　使用矩形工具绘制一个白色的矩形，并适当调整其位置和角度，效果如图 8-112 所示。双击该图层的
　　缩览图，弹出"图层样式"对话框，在左侧窗格中勾选"内阴影"选项，在右侧窗格中进行相应设置，
　　如图 8-113 所示。

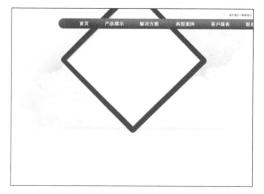

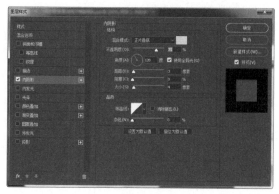

图 8-112　　　　　　　　　　　　　　　　　　　　　　图 8-113

06　设置完成后单击"确定"按钮，得到图 8-114 所示的图形效果。拖入外部素材文件"素材 \ 第 8 章 \010.jpg"，适
　　当调整其位置和大小，并为其创建剪贴蒙版，效果如图 8-115 所示。

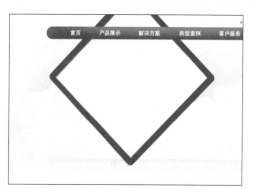

图 8-114　　　　　　　　　　　　　　　　　　　　　　图 8-115

07　为该图层添加蒙版，隐藏导航以外的部分，如图 8-116 所示。分别拖入素材文件"素材 \ 第 8 章 \011.png"
　　和"素材 \ 第 8 章 \012.png"，并适当调整其位置和大小，效果如图 8-117 所示。

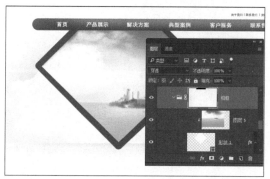

图 8-116　　　　　　　　　　　　　　　　　　　　　　图 8-117

08　选择"画笔工具"，按照图 8-118 所示的步骤载入外部笔刷"素材 \ 第 8 章 \ 云朵 .abr"，并选择相应的笔刷
　　类型。新建"图层 8"图层，设置"前景色"为白色，使用画笔工具在楼房与楼梯之间绘制云朵，效果如
　　图 8-119 所示。

图 8-118   图 8-119

09 设置文字"一生一墅一境界"的颜色为"RGB（16，67，82）"和文字"只属于你的原生态湖居领地"的颜色为"RGB（124，124，124）"，如图 8-120 所示。使用横排文字工具输入相应文字，效果如图 8-121 所示。

图 8-120   图 8-121

10 将素材图像"素材\第8章\018.png"拖入"楼房、阶梯"图像下方，分别调整其大小和位置，效果如图 8-122 所示。打开"字符"面板进行相应设置，"颜色"设置为"RGB（58，164，176）"，并输入相应的文字，如图 8-123 所示。

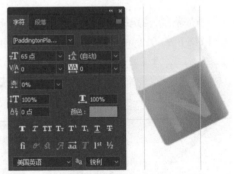

图 8-122   图 8-123

11 双击该图层的缩览图，弹出"图层样式"对话框，在左侧窗格中勾选"斜面和浮雕"选项，在右侧窗格中进行相应设置，如图 8-124 所示；勾选"投影"选项，在右侧窗格中进行相应设置，如图 8-125 所示。

12 设置完成后单击"确定"按钮，得到图 8-126 所示的文字效果。用相同的方法在其他方块上输入文字，并添加相应的图层样式，效果如图 8-127 所示。

13 打开"字符"面板，进行相应设置，如图 8-128 所示。使用横排文字工具输入相应的文字，效果如图 8-129 所示。

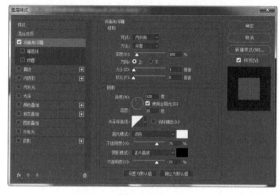

图 8-124

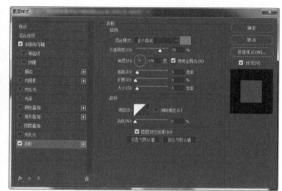

图 8-125

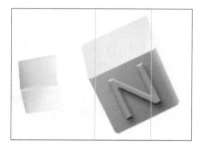

图 8-126

图 8-127

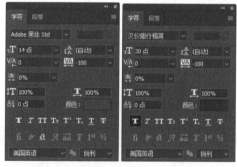

图 8-128

图 8-129

操作案例 设计页面主体与版底信息

本案例主要制作电子商务网站的主体与版底信息部分。这两个部分的样式比较单一，基本可以通过各种形状工具和图层样式制作出来。制作时需要随时添加参考线，以保证每个文本框、每行文字能够精确成行成列。建议输入文字时复制样式相同的文字，直接更改文字内容即可。

使用到的工具	形状工具、图层样式、描边样式	扫码学习
视频地址	视频 \ 第 8 章 \ 设计页面主体与版底信息 .mp4	
源文件地址	源文件 \ 第 8 章 \ 设计页面主体与版底信息 .psd	

制作步骤

01 将相关的图层、图层组选中，按组合键 Ctrl+G 编组，并将其重命名为"背景图"，如图 8-130 所示。按组合键 Ctrl+R 显示标尺，并分别拖曳出 4 条参考线，效果如图 8-131 所示。

图 8-130　　　　　　　　　　　　　　　图 8-131

02　使用圆角矩形工具沿着刚刚创建的参考线绘制一个描边颜色为 RGB（211，211，211）的圆角矩形，效果如图 8-132 所示。载入该图层选区，执行"选择 > 修改 > 收缩"命令，弹出"收缩选区"对话框，设置"收缩量"为 2 像素，如图 8-133 所示。

03　新建"图层 12"图层，使用黑白线性渐变来填充选区，填充效果如图 8-134 所示。使用直线工具绘制一条用来描边的线条，颜色为 RGB（172，172，172），效果如图 8-135 所示。

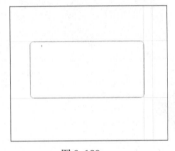

图 8-132　　　　　　　　　　图 8-133　　　　　　　　　　图 8-134

04　单击"描边样式"控件，打开"描边选项"参数面板，单击选择虚线样式，再单击下方的"更多选项"按钮，如图 8-136 所示。在弹出的"描边"对话框中适当修改参数值，如图 8-137 所示。

图 8-135　　　　　　　　　　图 8-136　　　　　　　　　　图 8-137

05　设置完成后单击"确定"按钮，线条描边效果如图 8-138 所示。拖入相应的素材，并分别调整其位置和大小，效果如图 8-139 所示。

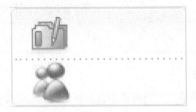

图 8-138　　　　　　　　　　　　　　　图 8-139

06 在"字符"面板中进行相应设置,"颜色"为"RGB(121,121,121)",如图 8-140 所示。使用横排文字工具输入相应的文字,效果如图 8-141 所示。

07 新建图层,选择"椭圆工具",设置"工具模式"为"像素",在文字后面创建一个"填色"颜色为"RGB(177,177,177)"的正圆,效果如图 8-142 所示。使用矩形选框工具创建 6 个 1 像素的选区,并填充的颜色为"RGB(198,198,198)",效果如图 8-143 所示。

图 8-140

图 8-141

图 8-142

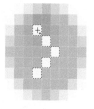
图 8-143

08 使用圆角矩形工具创建一个任意颜色的圆角矩形("半径"为 4 像素),效果如图 8-144 所示。双击该图层的缩览图,弹出"图层样式"对话框,在左侧窗格中勾选"描边"选项,在右侧窗格中设置各项参数值,如图 8-145 所示。

图 8-144

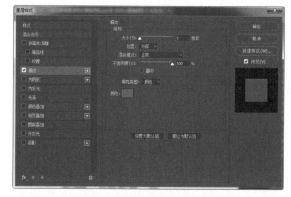
图 8-145

09 在左侧窗格中勾选"渐变叠加"选项,在右侧窗格中设置各项参数值,如图 8-146 所示。设置完成后打开"字符"面板进行设置,"颜色"设置为"RGB(60,60,60)",如图 8-147 所示。

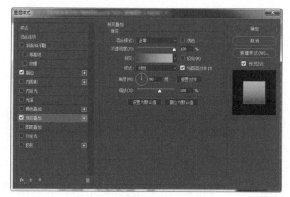
图 8-146

图 8-147

10 使用横排文字工具在按钮后面输入相应的文字，效果如图 8-148 所示。选中相应的图层，按组合键 Ctrl+G 将其编组，并重命名组为"右"，此时的"图层"面板如图 8-149 所示。

图 8-148　　　　　　　　　　图 8-149

11 使用相同的方法完成相似内容的制作，如图 8-150 所示。选中相应的图层进行编组，并将其重命名为"右中"，此时的"图层"面板如图 8-151 所示。

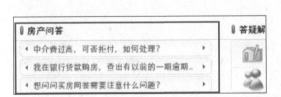

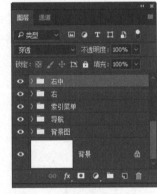

图 8-150　　　　　　　　　　图 8-151

12 使用圆角矩形工具在适当位置创建一个描边颜色为"RGB（63，155，159）"的圆角矩形，效果如图 8-152 所示。使用相同的方法输入相应的文字，并使用圆角矩形工具创建一个任意颜色的圆角矩形，效果如图 8-153 所示。

图 8-152　　　　　　　　　　图 8-153

> **提示**
>
> 　在操作过程中，如果觉得参考线阻碍视线，可按组合键 Ctrl+H 将其临时隐藏；再次按该组合键即可重新显示参考线。

13 打开"图层样式"对话框，在左侧窗格中勾选"描边"选项，在右侧窗格中对各项参数进行设置，如图 8-154 所示。在左侧窗格中勾选"渐变叠加"选项，在右侧窗格中进行相应设置，如图 8-155 所示。

14 设置完成后单击"确定"按钮，得到图 8-156 所示的按钮效果。用相同的方法完成相似内容的制作，效果如图 8-157 所示。

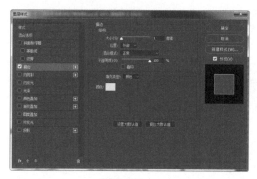

图 8-154

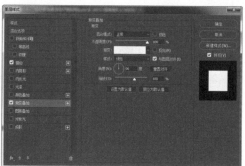

图 8-155

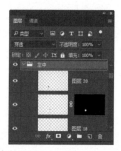

图 8-156

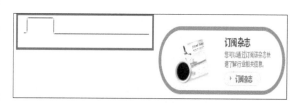

图 8-157

15　选中相应的图层进行编组，并将其重命名为"左中"，此时的"图层"面板如图 8-158 所示。选择"钢笔工具"，设置"工具模式"为"路径"，在画布中创建图 8-159 所示的路径。

图 8-158

图 8-159

16　新建图层，设置"前景色"为"RGB（202，202，202）"。选择"画笔工具"，在选项栏中进行图 8-160 所示的设置，然后按 Enter 键描边路径。使用相同的方法完成文字的输入，效果如图 8-161 所示。

图 8-160

图 8-161

17　使用前面讲解的方法完成"版底"图层组中全部内容的制作，效果如图 8-162 所示。

图 8-162

18 打开 Logo 素材"素材 \ 第 8 章 \016.png"，将其拖曳到文档左上角位置，并适当调整其大小。操作完成，最终的页面效果如图 8-163 所示。

图 8-163

操作案例　页面切片输出

本案例主要对电子商务网站进行切片存储。该网站的导航、Logo 和背景图可以作为一个整体切片输出，然后将其余部分零散的按钮、图标和形状单独切出即可。这里需要注意，主体内容最左侧的文字选项卡也需要切出来。

使用到的工具	选区工具、存储为 Web 所用格式、合并拷贝	扫码学习
视频地址	视频 \ 第 8 章 \ 网页页面切片输出 .mp4	
源文件地址	源文件 \ 第 8 章 \ 网页页面切片输出 .psd	

制作步骤

01 重新显示参考线，分别在网页中心大图的上方和下方创建两条参考线，并使用矩形选框工具沿着参考线精确创建选区，如图 8-164 所示。

02 执行"编辑 > 选择性拷贝 > 合并拷贝"命令复制选区中的图像，然后按组合键 Ctrl+N 新建文档，如图 8-165 所示。

图 8-164

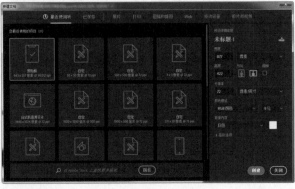

图 8-165

03 单击"确定"按钮新建文档，并按组合键 Ctrl+V 粘贴图像，效果如图 8-166 所示。执行"文件 > 导出 > 存储为 Web 所用格式"（旧版）命令，弹出"存储为 Web 所用格式"对话框，对图像进行适当优化，如图 8-167 所示。

图 8-166

图 8-167

04 在"图层"面板中选中"圆角矩形 2"图层，隐藏按钮上的文字，载入该图层选区，然后执行"编辑 > 选择性拷贝 > 合并拷贝"命令，效果如图 8-168 所示。执行"文件 > 新建"命令新建文档，弹出"新建文档"对话框，如图 8-169 所示。

图 8-168

图 8-169

05 单击"创建"按钮创建文档，按组合键 Ctrl+V 粘贴图像，效果如图 8-170 所示。按组合键 Ctrl+Shift+Alt+S，弹出"存储为 Web 所用格式"对话框，对图像进行优化并将其存储，如图 8-171 所示。

图 8-170

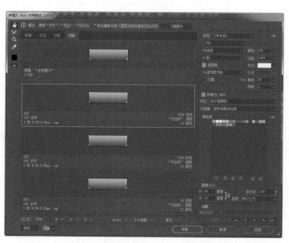

图 8-171

06 在"报价"选项卡标签四边创建参考线，使用矩形选框工具精确创建选区，并按组合键 Ctrl+Shift+C 合并复制选区内的图像，如图 8-172 所示。用相同的方法新建文档、粘贴图像，并优化存储，效果如图 8-173 所示。

07 保持选区的选中状态，使用横排文字工具将"报价"文本修改为"导购"，然后按组合键 Ctrl+Shift+C 合并复制图像，效果如图 8-174 所示。将该图像优化存储，再用相同的方法合并复制"关注"选项标签，将其优化存储，效果如图 8-175 所示。

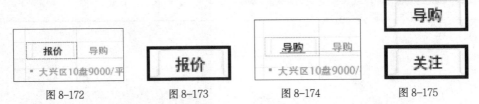

图 8-172　　　　　图 8-173　　　　　图 8-174　　　　　图 8-175

08 在"订阅杂志"板块四边创建参考线，隐藏圆角矩形中的文字和图形，并使用矩形选框工具创建选区，效果如图 8-176 所示。将选区中图像合并复制，然后粘贴到新文档中，并对其进行优化存储，效果如图 8-177 所示。

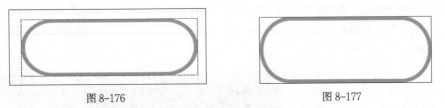

图 8-176　　　　　　　　　　　　图 8-177

09 显示圆角矩形中的内容，使用矩形选框工具沿着"订阅杂志"按钮边缘创建选区，合并复制选区内的图像，效果如图 8-178 所示。创建新的文档，粘贴图像，并隐藏"背景"图层，效果如图 8-179 所示。

图 8-178　　　　　　　　　　　　图 8-179

10 按组合键 Ctrl+Shift+Alt+S，弹出"存储为 Web 所用格式"对话框，对图像进行优化，如图 8-180 所示。单击"存储"按钮，弹出"将优化结果存储为"对话框，在"文件名"文本框中指定名称，然后单击"保存"按钮存储图像，如图 8-181 所示。

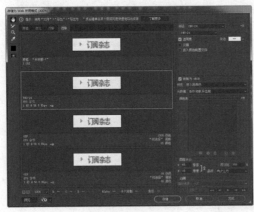

图 8-180　　　　　　　　　　　　图 8-181

190

11　使用矩形选框工具沿着咖啡杯图像创建选区，如图 8-182 所示。隐藏背景图层后，将选区内图像合并复制，然后粘贴至新图层，并对其进行优化存储，如图 8-183 所示。

图 8-182　　　　　　　　　　　　　　　　图 8-183

12　根据需求创建参考线，并使用矩形选框工具沿着文本框左边的圆角创建选区，如图 8-184 所示。将选区内图像合并复制，粘贴至新图层，并对其进行优化存储，如图 8-185 所示。用相同的方法优化存储文本框右侧的圆角部分，效果如图 8-186 所示。

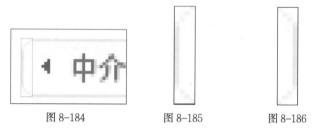

图 8-184　　　　　　　　图 8-185　　　　　　　　图 8-186

13　选择"单列选择工具"，按住组合键 Ctrl+Alt 在原有选区中单击，会交叉出图 8-187 所示的选区。将选区移动至文本框中间，将其合并复制，并粘贴到新文档中进行优化存储，如图 8-188 和图 8-189 所示。

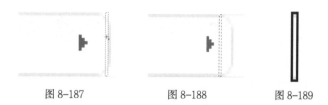

图 8-187　　　　　　　　图 8-188　　　　　　　　图 8-189

14　用相同的方法在网页中创建其他切片，最终效果如图 8-190 所示。

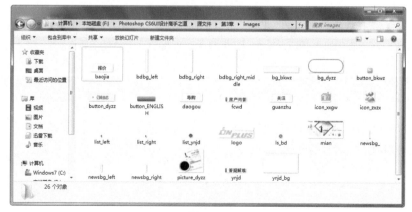

图 8-190

8.4　课堂提问

一个成功的网站 UI 设计作品，除了美观实用以外，还要符合最终输出终端的显示规范。在设计 PC 端网页时，通常要考虑如下所述的尺寸问题。

8.4.1　PC 端网站尺寸有哪些规范

网站 UI 设计的尺寸主要和两个因素有关，一个是计算机显示器的分辨率，另一个是浏览器的分辨率。什么叫分辨率呢？如 1024×768 的分辨率，就是横向有 1024 个像素，竖向有 768 个像素，整个屏幕可以看成是一个围棋盘，不管屏幕的尺寸是 14 英寸还是 15 英寸，像素的数量是不会变的。相同尺寸的屏幕，分辨率越大，画面就越精细。

除了分辨率外，浏览器的有效可视区域也会影响网页设计尺寸。什么叫浏览器的有效可视区域呢？打开一个网页后，除去浏览器的工具栏和侧边栏等范围，真正显示内容的地方就是有效可视区域。每个浏览器都有各自的有效可视区域，常用浏览器的相关参考数值如表 8-2 所示。为了获得更好的浏览效果，设计者在开始设计网站之前，要在不同浏览器中先测试显示范围，以获得最好的设计效果。

表 8-2

浏览器	状态栏	菜单栏	滚动条
Chrome 浏览器	22px（浮动出现）	60px	15px
火狐浏览器	20px	132px	15px
IE 浏览器	24px	120px	15px

8.4.2　如何保证页面在不同分辨率显示器中的显示效果

同一个页面很难保证在不同显示器中显示为相同效果，只能通过一些设计和制作技巧，尽可能地保证显示效果相同。常用的手法是自然拉伸和固定居中。

（1）自然拉伸

如果网站中没有使用大量的图片，只是使用了色块，那么就可以将色块向左右延伸。制作时，可以将其尺寸设置为 100%，随着浏览器的变换自动缩放。如果使用的是图片背景，则需要提供一张足够大的背景图，以便在不同分辨率下可以显示出内容而不会出现露白。

（2）固定居中

如果页面不适合制作成为自动拉伸的效果，可以将页面设置为居中对齐。也就是说，无论在任何浏览器中使用任何分辨率，页面都将居中显示，这在一定程度上可以保证页面的显示效果。

8.5　本章小结

本章主要针对 PC 端网站 UI 设计进行讲解，介绍了 PC 端网站和移动端网站的不同，通过案例制作的方式帮助读者理解 PC 端网站 UI 设计的要点。

第9章 移动端网站 UI 设计

与其他类型的 UI 设计一样，移动端 UI 设计不仅要时尚美观，还需注重各个功能的整合。本章主要通过介绍不同手机操作系统的 UI 设计，帮助读者了解并掌握移动端网站 UI 设计的精髓之处。

移动端 App UI 设计基础

App 是英文 Application 的简称，指智能设备的第三方应用程序。随着科技的发展，现在 App 的功能也越来越多，而且越来越强大。

9.1.1 了解 App 应用平台

App 即应用程序软件，也就是安装在移动智能设备上的软件，用来完善原始系统的不足与个性化。不同系统下载的 App 文件格式也各不相同。手机的系统有很多种，目前主流的有 iOS 和 Android 两种，接下来逐一进行讲解。

（1）iOS 系统

iOS 系统的 App 格式有 ipa、pxl、deb，这些 App 都用在 iPhone 系列的手机和平板电脑中，这类手机在我国市场的占用率大概是 10%。目前比较著名的 App 商店有 iTunes 商店里面的 App Store。iOS 系统不开源，iOS 系统的 App 商店就只有苹果公司的 App Store，所有使用 iPhone 手机、MAC 计算机，或者 iOS 系统的平板电脑的用户，通常只能在 App Store 上面下载 App，也就是应用软件，如图 9-1 所示。

图 9-1

（2）Android 系统

Android 系统的 App 格式为 apk，在我国的市场占有率超过 80%。Andriod 的应用程序需要通过安卓市场等途径下载，如图 9-2 所示。

图 9-2

9.1.2 App 的开发语言

  App 的创新性开发始终是用户的关注焦点，而商用 App 客户端的开发更得到诸多网络大亨的一致关注与赞许。与趋于成熟的美国市场相对比，我国开发市场正处于高速发展阶段。针对移动端，iOS 平台的开发语言为 Objective-C；Android 平台的开发语言为 Java，如图 9-3 所示。

图 9-3

9.1.3 移动端 App 的优势

  移动端 App 给人们的生活带来很多的好处，与传统 PC 端网页相比具有以下优势。

- App 用户增长速度快，经济能力强，思维活跃。
- App 基于手机的随时随身性、互动性特点，方便通过微博等进行分享和传播，实现裂变式信息传播。
- 相比于传统软件开发成本，App 的开发成本更低。
- 通过新技术以及数据分析，App 可实现精准定位企业目标用户，实现低成本、快增长。
- 用户手机安装 App 以后，企业即埋下一颗种子，可持续与用户保持联系。

9.2 移动端 App UI 设计与 PC 端 UI 设计的区别

  无论是移动端 App 的开发工作人员，还是移动端 App 客户经理、项目经理或者用户界面体验设计师，了解移动 App UI 设计和 PC 端 UI 设计的区别是非常重要的。App UI 设计效果如图 9-4 所示。

  移动端 UI 设计的平台主要是手机的 App 客户端。而 PC 端 UI 设计的应用范围更为广泛。移动端 UI 设计具有其独特性，如尺寸、控件和组件类型都需要设计者重新调整，经常遇到的问题是页面不能合理布局。

　　移动端 App UI 设计的限制通常会非常多，设计者需要充分了解手机的空间，应用合理的创意，这样才可以完成优秀的 UI 设计。在进行移动端 App UI 设计时，要先确认适用的系统，有的放矢，才能设计出符合要求的作品。图 9-5 所示为 iOS 系统和 Android 系统的界面对比。

图 9-4

iOS 界面

Android 界面

图 9-5

> **提示**
>
> 　　App 可以在它已有的基础模式上升级产品，甚至创造产品。UI 设计师的思维也需要有所转变，主要体现在两个方面，一方面是提升设计基本功，一个合格的设计师，无论是内心境界还是生活都需要不断地扩展和提升；另一方面是从自身出发提出好的设计理念，而不是从外在的环境中模仿。

9.3　iOS 系统 UI 设计

　　设计一款成功的 iOS 应用，很大程度上依赖于其用户界面的好坏。在设计界面时要站在用户的角度考虑问题。一款优秀的 iOS 应用应无缝整合设备和平台的特性，从而提供优秀的用户体验。图 9-6 所示为常见 iOS 应用设备。

图 9-6

9.3.1　了解 iOS 系统

　　苹果 iOS 系统是由苹果公司开发的手持设备操作系统，具体来说，是 iPad、iPhone 和 iPod touch 的默认操作系统。该操作界面极其美观，而且简单易用，受到全球用户的广泛喜爱。

　　苹果公司最早于 2007 年 1 月 9 日公布这个系统，原本的名称为 iPhone OS，仅应用于 iPhone 手机。2010

年 6 月 7 日改名为 iOS，并陆续套用到 iPod touch、iPad 及 Apple TV 等其他苹果产品上，如图 9-7 所示。

> **提示**
>
> iOS 系统具有精美无比、简单易用的操作界面，种类数量惊人的应用程序以及超强的稳定性，已经成为 iPhone、iPad 和 iPod touch 的强大支撑。

图 9-7

9.3.2 iOS 系统的界面元素

iOS 界面由非常多元素构成，每个元素都有不同的外观和尺寸，并且承载着不同的功能。大量可以直接使用的视图和控件，可以帮助开发者快速创建界面。

> **提示**
>
> 当设计一个 iOS 应用时，首先要了解这些工具库，在适当的条件下使用它们。不过，有些时候创建一个自定义控件也许更好，当需要一个更个性的外观，或者想要改变一个已存在控件的功能时，就可以自行进行设计。

（1）状态栏

状态栏的作用是展示设备的基本系统信息，例如当前事件、时间和电池状态及其他更多信息。视觉上状态栏是和导航栏相连的，都使用一样的背景来填充。

为配合 App 的风格和保证内容的可读性，状态栏内容有两种不同的风格，分别为暗色（黑）和亮色（白），如图 9-8 所示。

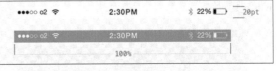

图 9-8

（2）导航栏

导航栏包含了一些控件，用于对应不同视图的导航，以及管理当前视图中的内容。导航栏总在屏幕的顶部、状态栏的正下方。

> **提示**
>
> 导航栏中的元素都是按照特定的对齐方式进行对齐的，例如返回按钮总是在左端对齐，当前视图的标题则在栏上居中，动作按钮则总是在右端对齐。

在一般情况下，导航栏背景会进行轻微半透明处理，背景可以填充为纯色、渐变颜色或者是自定义位图，如图 9-9 所示。

一般设备横屏时，其导航栏的高度也会进行相应的减少，而 iPad 横屏时会将状态栏进行隐藏。图 9-10 所示为 iPhone 8 横屏时的导航栏状态。

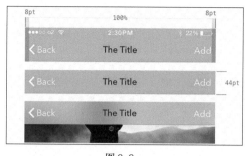

图 9-9

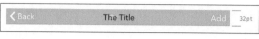

图 9-10

（3）标签栏

标签栏用于切换视图、子任务和模式，并且对程序层面上的信息进行管理，通常位于屏幕底部。默认情况下使用和导航栏一样的轻微半透明效果，并使用和系统一样的方式来模糊处理遮住的内容，如图 9-11 所示。

- 标签栏仅可以拥有固定的最大标签数。一旦数目超过最大数目，则最后一个选项卡将会以"更多标签"来代替，其余标签以列表形式隐藏于此。另外，一般会有选项可以对显示的选项卡重新进行排序。

图 9-11

- iPhone 上最大选项卡数目是 5 个，而 iPad 上则可以显示多达 7 个。
- 通知用户在一个新视图上有新消息，通常会在标签栏按钮上方显示一个数字徽标。如果一个视图暂时隐藏，则相关的选项卡按钮不会完全隐藏，而是会慢慢淡化以表示一个不可用的状态。

（4）搜索栏

搜索栏在默认状态下有两种风格，分别是凸显（Prominent）和最小化（Minimal），两种风格的功能相同。

- 在用户输入文本时，搜索框内将显示提示文本，并且可以有选择地设置一个书签图标，用以查看最近搜索以及保存的搜索，如图 9-12 所示。
- 当输入搜索项目时，提示文本将消失，一个清晰的清空按钮出现在右端，如图 9-13 所示。

图 9-12

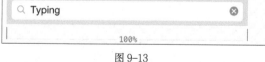

图 9-13

为了更好地查询搜索，可以为搜索栏接上一个范围栏（Scope Bar）。范围栏将使用和搜索栏相同的风格，其在明确定义了搜索结果类别的情况下会很有用。例如一个地图应用，搜索结果可以再次通过美食、饮品或购物等多方面进行筛选，如图 9-14 所示。

（5）工具栏

工具栏中包含一些管理、控制当期视图内容的动作。iPhone 的工具栏总在屏幕底部边缘，而 iPad 的工具栏则可以在屏幕顶部出现。

和导航栏一样，工具栏的背景填充也可以自定义，默认是半透明效果以及模糊处理遮住的内容，如图 9-15 所示。

> **提示**
>
> 在工具栏中通常用不超过 3 个主动作的特定视图，否则不但外观会看起来很混乱，也很难适应界面。

（6）表格视图

表格视图以单行多列的方式来呈现数据，其每行都可划分为信息或分组。根据数据类型，可能会用到这两种基本的表格类型，包括如下几种表格。

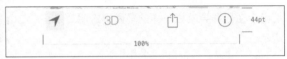

图 9-14　　　　　　　　　　　　　　　　　图 9-15

- 纯表格。纯表格由一定的行数组成，在顶部可以拥有一个表头，底部可以含有一个表尾。在屏幕右端带一个垂直导航，通过表格的形式进行导航，这在呈现大量数据时十分有用。在右端还可以通过一些方式进行排序，如图 9-16 所示。
- 分组表格。分组表格视图以分组的方式组织"表行"。每个分组可以有一个头以及一个尾，头最好用于描述分组的内容，而尾则用来显示帮助信息等。分组表格至少要由一个分组组成，而且每个分组至少要有一行。
- 默认。在默认情况下，表格的风格是一个图标加一个标题，图标在最左侧，如图 9-17 所示。

图 9-16　　　　　　　　　　　　　　　　　图 9-17

- 带副标题的表格。带副标题的表格风格在标题下面允许有一个简短的副标题文本，常用于进一步解释或简短描述，如图 9-18 所示。
- 带数值的表格。带数值的表格风格可以带一个与行标题相关的特别值，和默认风格类似，每行也可以有一个图标和标题，都是左对齐。紧随其后的是右对齐的数值文本，通常颜色会比标题文本的颜色浅些，如图 9-19 所示。

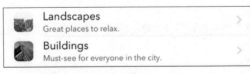 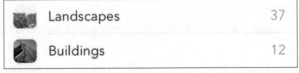

图 9-18　　　　　　　　　　　　　　　　　图 9-19

（7）活动视图

活动视图用于执行特定的任务，这些任务可以是默认系统任务、通过选项分享内容等，也可以完全自定义这些动作。

当设计自定义任务按钮图标时，也要按照和按钮图标激活状态下同样的规范——实体填充，它没有其他效果，只是放在一个半透明背景上，如图 9-20 所示。

（8）动作菜单

动作菜单（Action Sheet）用于从可执行的动作中选择执行一个动作，要求 App 用户选择一个动作继续或者取消，如图 9-21 所示。

  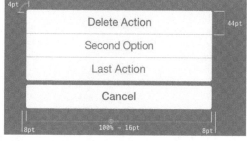

图 9-20　　　　　　　　　　　　　　　　图 9-21

在竖屏时（以及在一些小屏幕横屏），动作菜单总是以一列按钮滑动而出显示在屏幕底部。在这种情况下，一个动作菜单应该有一个取消按钮来关闭此视图，而不是只能执行前面的动作。

> **提示**
>
> 　　当系统有足够空间时，动作菜单视图则换成一个浮动框。这时并不要求有一个关闭按钮，因为点击屏幕任意空白处就可以将其关闭。

（9）警告框

警告框用于向用户展示对使用程序有重要影响的信息，它一般浮动在页面的中央，并且覆盖在主程序之上。警告框用于通知用户关键信息，可以强制用户做出一些动作选择。

警告框视图可以包含一个标题文本，可以不限于一行，用于纯信息警告如"关闭"，如图 9-22 所示；以及不限一个或两个按钮，用于请求式的决定，如"好"和"设置"，如图 9-23 所示。在 iOS 系统中，其警告框的设置标准尺寸如图 9-24 所示。

图 9-22　　　　　　图 9-23　　　　　　　　图 9-24

（10）编辑菜单

在一个元素被选定时（文本、图片及其他），编辑菜单允许用户执行复制、粘贴、剪切等操作。虽然菜单中的选项是可以自定义的，但菜单的外观是无法设置的，除非构建一个自定义编辑菜单，如图 9-25 所示。

（11）浮动框

当一个特别动作要求用户在程序进行的同时输入多个信息时，浮动框（Popover）是个绝佳选择。一个很好的例子就是，当选择添加一个项目时，有好几项属性需要在项目被添加前设置好，这时这些设置可以在浮动框上完成。

在通常情况下，浮动框上方会有一个相关的控件（如一个按钮），在打开的时候，浮动框的箭头指向控件，如图 9-26 所示。

图 9-25   图 9-26

提示

浮动框是一个强大的临时视图，它可以包含多种元件，例如拥有自己的导航栏、表格视图、地图以及网页视图。当浮动框因为包含大量元素而尺寸较大时，可以在浮动框内滚动，从而到达视图底部。

（12）模态视图

对要求用户执行多个指令或输入多个信息的任务来说，模态视图是一个十分有用的视图。模态视图出现在所有元素的顶层，而且，当打开时，其区块会与下面的其他交互元素产生相互作用，如图 9-27 所示。

输入的模态视图具有以下特征。

● 一个描述任务的标题。

● 一个不保存、不执行其他动作的关闭模态视图按钮。

● 一个保存或提交输入的信息的按钮。

● 各种对用户在模态视图上输入的信息起作用的元素。

常用的模态视图风格如下。

● 全屏：覆盖整个屏幕。

● 页表：在竖屏时，模态视图只覆盖部分下面的内容，当前视图留下一部分可视区域，并覆盖一层半透明黑色背景。在横屏时，页表模态视图和全屏模态视图一样。

● 表单：在竖屏时，模态视图在屏幕中间，周围区域可见但覆盖一层半透明黑色背景。

图 9-27

当键盘显示时，模态视图的位置会自适应改变。在横屏时，表单模态视图也是和全屏模态视图一样。

9.3.3　iOS 系统 UI 设计规范

iOS 用户已经对内置应用的外观和行为非常熟悉，所以用户会期待这些下载的程序能带来相似的体验。设计程序时，有的设计者可能不想模仿内置程序的每一个细节，但这对理解需要遵循的设计规范会很有帮助。

（1）确保程序通过

按钮、挑选器、滚动条等控件都用轮廓和亮度渐变，这都是欢迎用户点击的邀请，如图 9-28 和图 9-29 所示。

图 9-28　　　　　　　　　　　　　　　　　　　图 9-29

iOS 应用使用精确流畅的运动来反馈用户的操作，它还可以使用进度条、活动指示器来指示状态，使用警告给用户以提醒、呈现关键信息等。

（2）确保通用性

iPhone 和 iPad 都是采用 iOS 系统，所以为了确保设计方案可以在这两款设备中使用，在设计制作时应注意以下几点。

● 为设备量身定做程序界面。大多数界面元素在两种设备上通用，但布局会有很大差异。

● 为屏幕尺寸调整图片。用户期待在 iPad 上见到比 iPhone 上更加精致的图片，在制作时最好不要将 iPhone 上的程序直接放大到 iPad 的屏幕上。

● 无论在哪种设备上使用，都要保持主功能。不要让用户觉得是在使用两个完全不同的程序，即使是其中一种版本提供比另一种版本更加深入或更具交互性的展示。

● 超越“默认”。没有优化过的 iPhone 程序会在 iPad 上默认以兼容模式运行。虽然这种模式使得用户可以在 iPad 上使用现有的 iPhone 程序，但是没能给用户提供他们期待的 iPad 体验。

● 重新考虑基于 Web 的设计，如果制作的程序是从 Web 中移植而来，就需要确保程序能摆脱网页的感觉，给人 iOS 程序的体验。谨记用户可能会在 iOS 设备上使用 Safari 来浏览网页。以下为帮助 Web 开发者创建 iOS 程序的策略。

① 关注程序。网页经常会给用户许多任务或选项，让他们自己挑选，但是这种体验并不适合 iOS 应用。iOS 用户希望程序能像宣称的那样立刻看到有用的内容。

② 确保程序帮助用户做事。用户也许会喜欢在网页中浏览内容，但更喜欢能使用程序完成一些事情。

③ 为触摸而设计。不要尝试在 iOS 应用中复用网页设计模式，熟悉 iOS 的界面元素和模式，并用它们来展现内容，菜单、基于 Hover 的交互、链接等 Web 元素需要重新考虑。

④ 让用户翻页。很多网页会将重要的内容认真地在第一时间展现出来，因为如果用户在顶部区域附近没找到想要的内容，就会离开。

⑤ 重置主页图标。大多数网页会将返回主页的图标放置在每个页面的顶部。iOS 程序不包括主页，所以不必放置返回主页的图标。另外，iOS 程序允许用户通过点击状态栏快速回到列表的顶部。如果在屏幕顶部放置一个主页图标，那么用户想要点击状态栏就会很困难。

在 iOS 设备上，翻页是很容易的。如果缩小字体、压缩空间尺寸，使所有内容挤在同一屏幕里，那么最终可能使显示的内容都看不清，布局也没有办法使用。

9.4 设计 iOS 系统音乐 App 界面

本案例将制作一个 iOS 系统音乐 App 界面。通过界面的设计读者可以理解移动端网站 UI 设计与 PC 端网站 UI 设计的不同，并对 iOS 系统的设计规范和要求有所了解，如图 9-30 所示。

图 9-30

使用到的工具	横排文字工具、形状工具、图层样式	扫码学习
视频地址	视频 \ 第 9 章 \ 设计 iOS 系统音乐 App 界面 .mp4	
源文件地址	源文件 \ 第 9 章 \ 设计 iOS 系统音乐 App 界面 .psd	

制作思路分析

此款音乐 App 界面摒弃了不必要的部分，采用极简的扁平化设计风格，标题明确，核心突出，整个界面简洁大方，没有多余的内容，便于用户快速选择使用相关功能；同时核心图占据整个界面的大部分空间，这样可以更加直接地传达当前界面的信息，如图 9-31 所示。

图 9-31

色彩分析

该界面采用蓝色作为主色，紫色作为辅色，整个界面为同色系搭配法，蓝色能表现出休闲感和艺术感，白色的文字和图标清晰可见，既突出重点，又便于用户使用，如图 9-32 所示。

蓝色	紫色	白色

图 9-32

制作步骤

01　执行"文件 > 新建"命令，新建一个 750 像素 ×1334 像素的空白文档，如图 9-33 所示。新建图层，使用油漆桶工具为画布填充黑色，效果如图 9-34 所示。

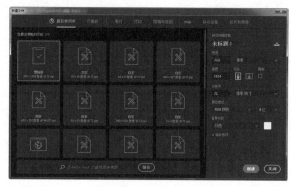

图 9-33　　　　　　　　　　　　　　图 9-34

02　执行"文件 > 打开"命令，打开素材文件"素材 > 第 9 章 >42501.jpg"，将相应的图片拖入画布，如图 9-35 所示。执行"滤镜 > 模糊 > 高斯模糊"命令，并设置图层"不透明度"为"80%"，如图 9-36 所示。

03　将素材文件"素材 > 第 9 章 >42502.png"拖入画布，并置于顶层，如图 9-37 所示。打开"字符"面板，设置各项属性，如图 9-38 所示。

图 9-35　　　　　图 9-36　　　　　　　　　　图 9-37　　　　　　　　图 9-38

> **提示**
> 用户可以直接将素材文件从文件夹中拖入文档窗口中，拖入的素材会以智能对象的形式插入为新图层。

04　在画布中输入文字，如图 9-39 所示。用相同的方法将素材文件"素材 > 第 9 章 >42502.jpg"拖入画布，如图 9-40 所示。

图 9-39　　　　　　　　图 9-40

05 单击"图层"面板底部的"添加图层样式"按钮，弹出"图层样式"对话框，在左侧窗格中勾选"外发光"选项，
相关参数设置如图 9-41 所示。选择"矩形工具"，在画布中绘制一个白色的矩形，如图 9-42 所示。

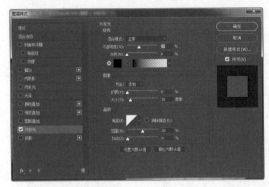

图 9-41　　　　　　　　　　　　　　　　图 9-42

06 按组合键 Ctrl+T 将矩形旋转 45°，效果如图 9-43 所示。用相同的方法完成相似图形的绘制，并将相应的
图层进行合并，效果如图 9-44 所示。

07 打开"字符"面板，设置各项属性，如图 9-45 所示。使用横排文字工具在画布中输入文字，效果如图 9-46
所示。

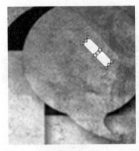

图 9-43　　　　　　　图 9-44　　　　　　　图 9-45　　　　　　　图 9-46

08 选择"矩形工具"，在画布中绘制一个白色的矩形，如图 9-47 所示。设置图层"填充"为"20%"，其图
像效果如图 9-48 所示。

09 选择"自定义形状工具"，设置"填充"为"白色"，在工具面板中选择图 9-49 所示的形状。在"图层"
面板中设置"不透明度"为"30%"，其图形效果如图 9-50 所示。

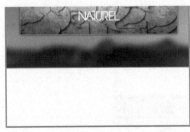
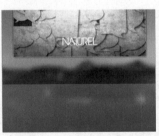

图 9-47　　　　　　　　　图 9-48　　　　　　　　　图 9-49

10 选择"多边形工具"，设置"填充"为"白色"，设置"边"为"3"，在画布中绘制三角形，如图 9-51 所示。
用相同的方法完成其他相似图形的绘制，图形效果如图 9-52 所示。

> **提示**
>
> 使用多边形工具可以绘制多边形和星形，在画布中单击并拖曳鼠标即可按照预设的选项绘制多边形和星形。默认
> 情况下，"星形"选项不被勾选。

图 9-50　　　　　　　　　　图 9-51　　　　　　　　　　　　　　图 9-52

11 打开"字符"面板，设置各项属性，如图 9-53 所示。使用横排文字工具在画布中输入文字，图形效果如图 9-54 所示。

12 将文本图层复制得到 0:31 副本图层，执行"滤镜 > 模糊 > 高斯模糊"命令，在"高斯模糊"对话框中进行设置，如图 9-55 所示，图像效果如图 9-56 所示。

图 9-53　　　　　　　图 9-54　　　　　　　图 9-55　　　　　　　图 9-56

13 选择"直线工具"，在选项栏中进行参数设置，"填充"为"白色"，"粗细"为"5 像素"，在画布中绘制直线，效果如图 9-57 所示。在"图层"面板中设置"不透明度"为"20%"，图形效果如图 9-58 所示。

图 9-57　　　　　　　　　　　　　　　　图 9-58

14 用相同的方法完成相似图形的绘制，如图 9-59 所示。选择"椭圆工具"，在画布中绘制填充为黑色的正圆，效果如图 9-60 所示。

15 在"图层"面板中设置"不透明度"为"8%"，图形效果如图 9-61 所示。用相同的方法完成相似图形的制作，如图 9-62 所示。

图 9-59　　　　　　　图 9-60　　　　　　　图 9-61　　　　　　　图 9-62

16 单击"图层"面板底部的"添加图层样式"按钮，弹出"图层样式"对话框，在左侧窗格中勾选"外发光"选项，相关参数设置如图 9-63 所示，在左侧窗格中勾选"投影"，相关参数设置如图 9-64 所示。

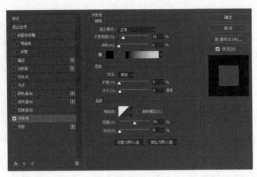

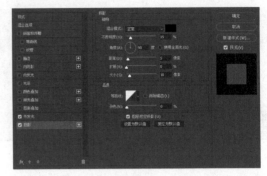

图 9-63   图 9-64

17 用相同的方法完成其他文字的制作，"图层"面板如图 9-65 所示，最终图像效果如图 9-66 所示。

18 隐藏除"图层 1"和"图层 2"之外的全部图层，按 Ctrl+A 组合键全选画布，执行"编辑 > 选择性拷贝 > 合并拷贝"命令，如图 9-67 所示。执行"文件 > 新建"命令，弹出"新建文档"对话框，设置参数如图 9-68 所示。

图 9-65   图 9-66   图 9-67

19 单击"确定"按钮新建文档，按组合键 Ctrl+V 粘贴图像，如图 9-69 所示。执行"文件 > 导出 > 储存为 Web 所用格式"（旧版）命令优化图像，如图 9-70 所示。

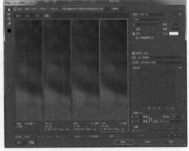

图 9-68   图 9-69   图 9-70

20 单击"保存"按钮将其重命名存储，如图 9-71 所示。用相同的方法将其余内容进行切图存储，切图后的文件夹如图 9-72 所示。

图 9-71　　　　　　　　　　　　　　　　　　　图 9-72

9.5　Android 系统 UI 设计

Android 操作系统最初由 Andy Rubin 开发，是一个以 Linux 为基础的开源移动设备操作系统，主要用于智能手机和平板电脑。

2007 年 11 月，Google 与 84 家硬件制造商、软件开发商及电信营运商组建开放手机联盟共同研发改良 Android 系统，其后于 2008 年 10 月发布了第一部 Android 智能手机。图 9-73 所示为使用 Android 系统的智能手机和平板电脑。

图 9-73

随着 Android 系统的迅猛发展，它已经成为全球范围内具有广泛影响力的操作系统。Android 系统正越来越广泛地被应用于平板电脑、可穿戴设备、电视、数码相机等设备上。

9.5.1　Android 系统的 UI 设计规范

在设计 Android 界面时，首先要对 Android 界面的元素有一定的了解和认识，才能够有助于进行标准的产品设计。

为不同控件引入不同大小的字体大，小上的反差有助于营造有序、易懂的排版效果。但在同一个界面中使用过多不同大小的字体则会造成混乱。Android 设计框架常使用图 9-74 所示的几种字体大小。

用户可以调整整个系统的字体大小。为了支持这些辅助特性，字体的像素应当设计成与大小无关，排版的时候也应当考虑到这些设置。调查显示，用户可接受的文字大小如表 9-1 所示。

Text Size Micro	12sp
Text Size Small	14sp
Text Size Medium	18sp
Text Size Large	22sp

图 9-74

表 9-1

		可接受下限 （80% 用户可接受）	偏小值 （50% 以上用户认为偏小）	舒适值 （用户认为最舒适）
Android 高分辨率 （480p×800p）	长文本	21px	24 px	27px
	短文本	21 px	24px	27 px
	注释	18px	18px	21px
Android 低分辨率 （320p×480p）	长文本	14px	16px	18px ~ 20px
	短文本	14px	14px	18px
	注释	12px	12px	14px ~ 16px

9.5.2 Android 系统用户界面元素

Android 的系统 UI 设计为构建用户的应用提供了基础的框架，主要包括主屏幕和二级菜单、状态栏、导航栏、操作栏以及不同视图的展现模式。

（1）主屏幕和二级菜单

主屏幕是一个可以自定义放置应用图标、目录和窗口小部件的地方，左右滑动可切换不同的主屏幕面板。

二级菜单界面中可以上下滑动浏览所有安装在设备上的应用和窗口小部件。用户可以在所有应用中通过拖曳图标，把应用或窗口小部件放置在主屏幕的空白区域中，如图 9-75 所示。

> 提示
>
> 收藏栏在屏幕的底部，无论怎么切换面板，它都会一直显示对用户而言最重要的图标和目录。点击收藏栏中间的"所有应用"按钮可以打开界面展示所有的应用和窗口小部件。

图 9-75

（2）状态栏

状态栏位于手机界面的顶端，状态栏中可显示飞行模式、移动数据、Wi-Fi、Cast、热点、蓝牙、勿扰模式及闹钟等。时间和电池图标是状态栏中必需保留的，但是可以选择在电池图标内部显示剩余电量的模式。另外还有一个 Demo 模式，可以强制关闭状态栏的通知，并固定显示网络信号、剩余电量、系统时间，方便用户在截屏或者录像的时候得到一个统一的状态栏，如图 9-76 所示。

（3）导航抽屉

导航抽屉是一个从屏幕左边滑入的面板，用于显示应用的主要导航项，其作用类似于一些较少访问的目的地的目录。

> **提示**
>
> 　　如果应用有由底层视图切换到应用中其他重要部分的交叉导航，在任意地方都可以滑动出导航边选栏，能够让用户高效地在内容之间切换。但是，因为边选栏的功能可见性不强，用户可能需要时间去让自己熟悉整个应用的内容。

　　导航抽屉作为顶层导航控件，不仅是下拉菜单和标签的简单替换，而应当根据应用的实际需求选择导航控件，常用导航抽屉如图 9-77 所示。在以下几种情况中可使用导航抽屉。

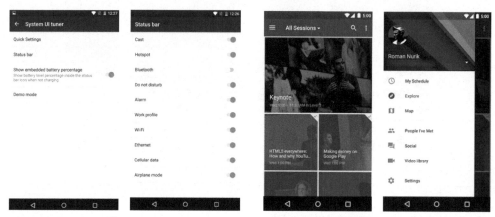

图 9-76　　　　　　　　　　　　　　　　　　图 9-77

- 应用拥有大量的顶层视图。导航抽屉适合同时显示多个导航目标。如果应用有超过 3 个顶层视图，应当选择导航抽屉；如果不超过 3 个，固定标签则是更合适的选择。
- 有特别多深度导航的分支，希望可以快速返回到应用的顶层视图。
- 要实现没有相互联系的视图之间的交叉导航。
- 希望减少应用中的不经常访问内容的可见性。

（4）操作栏

　　操作栏位于手机的最下方，其中包含 3 个按钮，左侧为返回，中间为主界面，右侧为最近任务。操作栏是用户体验至关重要的一环，使得用户能够仔细考虑其应用程序行为，使得设计师可以做出准确一致的导航，如图 9-78 所示。

图 9-78

9.6 设计 Android 系统音乐 App 界面

音乐 App 的用户通常是青年人，所以在表现形式上要更加轻松。在表现形式上，图片比文字更具有说服力。本例将使用深灰色的文字，在提高主题可辨识度的同时又不至于太突兀，如图 9-79 所示。

图 9-79

使用到的工具	多边形工具、矩形工具、横排文字工具、图层样式	扫码学习
视频地址	视频 \ 第 9 章 \ 设计 Android 系统音乐 App 界面 .mp4	
源文件地址	源文件 \ 第 9 章 \ 设计 Android 系统音乐 App 界面 .psd	

制作思路分析

此款 Android 系统音乐 App 界面采用图片堆叠的方式进行制作，将大小不一的图片素材整齐排列，清晰地表达了产品意图。这种纯图片的设计风格比较适合内容较少，但主题明确的产品，如图 9-80 所示。

图 9-80

色彩分析

软件本身主要采用无彩色设计方案，界面中的色彩来自图片本身的颜色。黑色和白色作为辅助色起到协调的作用。色彩丰富的图片搭配沉稳的中性色，整个界面既轻松自如又活力四射，如图 9-81 所示。

橙色	黄绿色	黑色

图 9-81

制作步骤

01 执行"文件 > 新建"命令，打开"新建文档"对话框，各项参数如图 9-82 所示。执行"文件 > 打开"命令，打开素材文件"素材 > 第 9 章 >43501.jpg"，将其拖入画布，如图 9-83 所示。

图 9-82　　　　　　　　　　　　　　　　　　图 9-83

02 选中"图层 1"图层，单击"图层"底部的"添加图层样式"按钮，打开"图层"样式对话框，在左侧窗格中勾选"颜色叠加"选项，相关参数设置如图 9-84 所示。在左侧窗格中勾选"投影"选项，相关参数设置如图 9-85 所示。

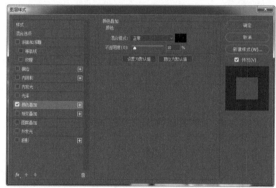
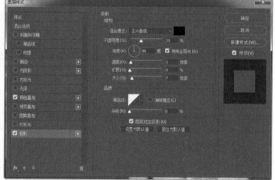

图 9-84　　　　　　　　　　　　　　　　　　图 9-85

03 执行"文件 > 打开"命令，打开素材文件"素材 > 第 9 章 >43502.jpg"，将其拖入画布，如图 9-86 所示。选择"直线工具"，设置"填充"颜色为"白色"，线条"粗细"为"6 像素"，在画布中创建图 9-87 所示的图形。

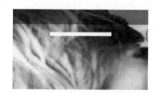

图 9-86　　　　　　　　　　　　　　　　　　图 9-87

04 复制"形状 1"图层，得到"形状 1 拷贝"和"形状 1 拷贝 2"图层，调整它们的位置如图 9-88 所示。用相同的方法完成相似内容的制作，如图 9-89 所示。

图 9-88　　　　　　　　　　　图 9-89

05 此时"图层"面板如图 9-90 所示，选择"矩形工具"，设置"填充"为"黑色"，在画布中创建图 9-91
所示的矩形。

图 9-90   图 9-91

06 设置该图层"不透明度"为"25%"，图像效果如图 9-92 所示。选择"横排文字工具"，打开"字符"面板，
设置图 9-93 所示的参数。

图 9-92   图 9-93

07 在画布中输入图 9-94 所示的文字。用相同的方法完成其他文字的输入，如图 9-95 所示。

图 9-94   图 9-95

08 选择"直线工具"，设置"填充"颜色为"白色"，线条"粗细"为"3 像素"，在画布中绘制图 9-96 所示
的直线。设置该图层的"不透明度"为"50%"，效果如图 9-97 所示。

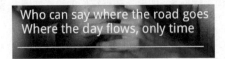
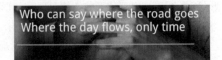

图 9-96   图 9-97

09 选择"直线工具"，设置"填充"颜色为"RGB（255，193，7）"，线条"粗细"为"19 像素"，在画布中
绘制图 9-98 所示的直线。选择"椭圆工具"，设置"颜色"为"RGB（255，193，7）"，在画布中绘制图 9-99
所示的圆形。

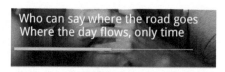

图 9-98　　　　　　　　　　　图 9-99

10　整理相关图层，选择"椭圆工具"，设置"颜色"为"RGB（255，87，34）"，在画布中绘制图 9-100 所示的圆形。

11　选中"椭圆 2"图层，单击"图层"面板底部的"添加图层样式"按钮，弹出"图层样式"对话框，在左侧窗格中勾选"投影"选项，相关参数设置如图 9-101 所示。使用多边形工具绘制图 9-102 所示的三角形。

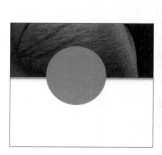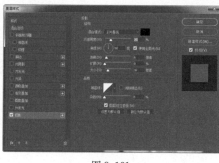

图 9-100　　　　　　　　　図 9-101　　　　　　　　　图 9-102

12　选择"横排文字工具"，打开"字符"面板，设置图 9-103 所示的参数，在画布中输入图 9-104 所示的文字。

13　执行"视图 > 显示标尺"命令，显示标尺并拖出参考线，如图 9-105 所示。使用矩形工具在画布中绘制任意颜色的矩形，如图 9-106 所示。

图 9-103　　　　　图 9-104　　　　　图 9-105　　　　　图 9-106

14　选中"矩形 3"图层，单击"图层"面板底部的"添加图层样式"按钮，弹出"图层样式"对话框，在左侧窗格中勾选"投影"选项，相关参数设置如图 9-107 所示。执行"文件 > 打开"命令打开素材文件"素材 > 图片 >19.jpg"，将其拖入画布，如图 9-108 所示。

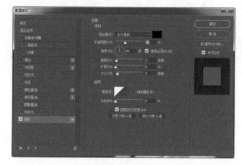

图 9-107　　　　　　　　　　図 9-108

提示

　　按组合键 Ctrl+O，或者直接在 Photoshop 窗口中灰色位置双击，都可以弹出"打开"对话框，完成图像的打开操作。

15　选中图层单击鼠标右键，为该图层创建剪贴蒙版，此时的"图层"面板如图 9-109 所示。选择"横排文字工具"，在"字符"面板中设置图 9-110 所示的参数。

图 9-109

图 9-110

16　在画布中输入图 9-111 所示的文字，用相同的方法完成其他文字的输入，如图 9-112 所示。

17　用相同的方法完成其他相似内容的制作，如图 9-113 所示。

图 9-111

图 9-112

图 9-113

18　选择"矩形工具"，在画布中创建黑色的矩形，如图 9-114 所示。选择"椭圆工具"，设置"描边"颜色为"白色"，在画布中创建图 9-115 所示的圆环。

图 9-114

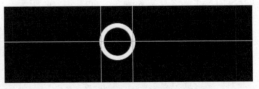
图 9-115

19　用相同的方法完成其他内容的制作，如图 9-116 所示。将图层整理好，此时的"图层"面板如图 9-117 所示。

20　完成界面的制作，最终效果如图 9-118 所示。

21　隐藏除"图层 1"之外的全部图层，按组合键 Ctrl+A 全选画布，执行"编辑 > 选择性拷贝 > 合并拷贝"命令，如图 9-119 所示。执行"文件 > 新建"命令，弹出"新建文档"对话框，相关参数设置如图 9-120 所示。

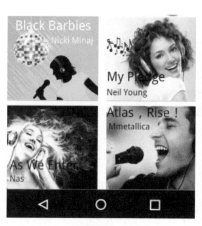

图 9-116　　　　　　　　　图 9-117　　　　　　　　　图 9-118

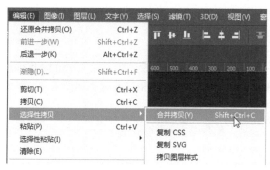

图 9-119　　　　　　　　　　　　　　　图 9-120

22　单击"确定"按钮新建文档，按组合键 Ctrl+V 粘贴图像，如图 9-121 所示。执行"文件 > 导出 > 存储为
　　Web 所用格式"（旧版）命令优化图像，效果如图 9-122 所示。

图 9-121　　　　　　　　　　　　　　　图 9-122

23　单击"保存"按钮将其重命名后存储，如图 9-123 所示。用相同的方法将其余内容进行切图存储，切图后
　　的文件夹如图 9-124 所示。

图 9-123   图 9-124

9.7 课堂提问

一个成功的网站 UI 设计作品，除了要美观实用以外，还要符合最终输出终端的规则。在设计 PC 端网页时，通常要考虑尺寸问题。

9.7.1 如何适配 iOS 设备中的图片

移动端设备屏幕尺寸非常多，碎片化严重，尤其是 Android 手机，有很多种分辨率，如 480px×800px、480px×854px、540px×960px、720px×1280px、1080px×1920px 等。近年来 iPhone 的碎片化也加剧了，出现了 640px×960px、640px×1136px、750px×1334px、1242px×2208px 多种分辨率。

实际上大部分 App UI 设计和移动端网页在各种尺寸的屏幕上都能正常显示，说明尺寸的问题一定有解决方法，而且有规律可循。

苹果以普通屏为基准，为 Retina 屏定义了 2 倍和 3 倍的倍率，实际像素除以倍率，得到逻辑像素尺寸。只要两个屏幕逻辑像素相同，它们的显示效果就是相同的。

iOS 应用的资源图片中，同一张图通常有 2 个甚至 3 个尺寸。这些文件名有的带 @2x 或 @3x 字样，有的不带。其中不带 @2x 的用在普通屏上，带 @2x 的用在 Retina 屏上，@3x 用在更高分辨率的屏幕上。只要图片准备好了，iOS 会自己判断用哪张。

9.7.2 如何处理 Android 碎片化

都说 Android 碎片化严重，但它现在反而比 iOS 好处理。因为如今的 Android 屏幕逻辑像素已经趋于统一为 360px×640px，就看把它设成几倍。以 xhdpi 为准，就把 DPI 设成 72×2=144；以 xxhdpi 为准，就把 DPI 设成 72×3=216。

9.8 本章小结

本章主要针对移动端 App 网站 UI 设计进行讲解，分别介绍了 iOS 系统和 Android 系统下的设计规范和设计技巧，通过案例帮助读者理解不同手机系统下的设计要点。通过本章的学习，读者可以了解移动端网站 UI 和 PC 端网站 UI 设计的区别。